城市规划经典译丛

战术都市主义
为长期变革而进行的短期行动

TACTICAL URBANISM
Short-term Action for Long-term Change

［美］ 迈克·莱登（Mike Lydon）
安东尼·加西亚（Anthony Garcia） 著

张雅丽 宋 晟 译

U0195947

中国城市出版社

著作权合同登记图字：01-2016-8833

图书在版编目（CIP）数据

战术都市主义：为长期变革而进行的短期行动 /
（美）迈克·莱登（Mike Lydon），（美）安东尼·加西亚
（Anthony Garcia）著；张雅丽，宋晟译 . —北京：中
国城市出版社，2023.6
（城市规划经典译丛）
书名原文：TACTICAL URBANISM Short-term Action
for Long-term Change
ISBN 978-7-5074-3613-6

Ⅰ . ①战⋯ Ⅱ . ①迈⋯ ②安⋯ ③张⋯ ④宋⋯ Ⅲ .
①城市规划 — 研究 Ⅳ . ① TU984

中国国家版本馆 CIP 数据核字（2023）第 098241 号

TACTICAL URBANISM Short-term Action for Long-term Change
ISBN 978-1-61091-526-7
Copyright © 2015 The Streets Plans Collaborative，Inc.
Published by arrangement with Island Press
Chinese Translation Copyright ©2023 by China City Press
本书由美国 Island 出版社授权出版

责任编辑：孙书妍　程素荣
责任校对：李辰馨

城市规划经典译丛
战术都市主义　为长期变革而进行的短期行动
TACTICAL URBANISM　Short-term Action for Long-term Change
[美]迈克·莱登（Mike Lydon），安东尼·加西亚（Anthony Garcia）　著
张雅丽　宋　晟　译

*

中国城市出版社出版、发行（北京海淀三里河路 9 号）
各地新华书店、建筑书店经销
北京点击世代文化传媒有限公司制版
北京富诚彩色印刷有限公司印刷

*

开本：787 毫米 ×1092 毫米　1/16　印张：13　字数：240 千字
2023 年 6 月第一版　2023 年 6 月第一次印刷
定价：**132.00** 元
ISBN 978-7-5074-3613-6
（904619）

致我们的祖父

——

威廉·邓纳姆（William Dunham）和卡洛斯·泰佩迪诺（Carlos Tepedino）

目 录

中文版序

——

　　战术和都市主义，两个都极富吸引力的名词组合在一起，让人不禁对此书充满憧憬。特别在今日，全球化、产业转型、科技革命和城市更新等多重动力高度叠合，推动新一波城市化浪潮席卷而来，带来新的发展和场景需求，同时又被双碳、绿色、人本等更强调回归生活本质的反思和约束所裹挟。技术革命貌似无尽放大了我们关于未来城市的畅想，而城市建设实践中更加复杂的利益博弈、官僚体制的弊端、理性规划的无力感又将我们拖回现实。在目标与行动之间如何重构桥梁，这需要智慧路径与行动能力的结合。可以说，这本书正是提供了一种可能。

　　有价值的是，书中的理念和思考不是空中楼阁，而是在过去十几年间在以美国为代表的世界多地经历了实践洗礼和迭代探索的总结。两位作者均为知名的战术都市主义代表人物，是理念与行动整合推广的前驱者。书中以简洁、清晰的文字介绍了战术都市主义的概念、悠久的历史传统，以及在以北美为代表的当代城市发展挑战背景下，五个代表性项目案例的实践故事，进而提炼出战术都市主义项目实施的普适性方法和工具包，并发出行动倡议。

　　其中有三点，对于当代中国的城市规划建设尤有启示。

　　一是对新城市发展模式的不懈探索。战术实践的根本，是对西方郊区化战略的反思，所指向的新城市主义、精明增长、能源与环境设计先导的邻里开发、低冲击开发、蔓延修复等理念，都是旨在让城市发展更加宜居和可持续。遗憾的是，书中并未具体阐释战术项目是如何具体响应这些目标的，当然也许这也并非本书重点；不过也提醒读者和实操者，"小踏步"的同时，需要不时抬头辨向，专业化的引导也极其重要。特别要指出的是，探索中国特色的城市可持续和高质量发展路径，尤其以社区为核心再造生活家园和共同体，是当务之急。

　　二是战略指引下战术权变的重要性。《孙子兵法》言"谋定后动，知止而取"，战术不是妥协之术，也非短视之举，而是在总体目标清晰合理的前提下，审时度势，在大方向与当下能力之间建构的行动路径。战术的关键在于权变，特别置于城市规划建设这一特定的公共政策语境下，以及当前城市更新转型背景下，项目从宏大规模转向小而灵活，能对当地环境、社会需求、技术变革、主体网络等进行敏捷响应。当下日益涌现的社区规划和社区更新实践，也亟待在目标清晰、多维推进、扎根地方、聚焦行动等方面进一步强化。

三是注重开放参与的行动过程。书中特别强调了战术都市主义中的"设计思维"，它更多作为动词，指向"问题识别—项目响应"的持续过程，最终落脚于实践行动。实践，不因项目大小而有高低之分，实践的价值就在于改变，在美好城市愿景的指引下，从身边开始，从一点一滴的改变开始。战术行动的特质强调开放的渠道、分散的结构，这也正是当代城市吸引力的源泉，即多源的共创者带来充满不确定性的遇见、碰撞与产出。参与方可以是政府部门、市场机构、社会组织，甚至是普通居民，多方之间建立起紧密联系的协作网络。由此，规划不再只是绘制宏大蓝图，而同时也关注身边价值提升的各种微小可能；不再只是政府或市场的单方意愿和投入，而成为多方共同推动的行动。其中，行动过程至关重要：它既作为空间再造的过程，应确保公平公正、合理合规；也是社会再造的过程，应注重参与各方从意识到能力的提升，实现目标与能力之间的协调和贯通。可以说，它为城市更新与全过程人民民主和治理能力及治理体系现代化之间，搭建了一条可能的互动路径。

正如作者在前言中坦陈：战术性项目并不能解决城市的所有问题。其最大的魅力在于，它本质上是一场基于积极愿景、面向未来的运动，并采用低成本、开放参与、可迭代的方法，从而能灵活应对未来各种不确定的挑战。更重要的是，它通常就发生在我们最在意的地方——社区。

刘佳燕

清华大学建筑学院副教授

2023 年 3 月 31 日于清华园

序

——

安德烈斯·杜安伊（Andrés Duany）

随着 21 世纪的黯淡前景逐渐变得明朗，一些最有希望的城市理念也逐渐被整合为战术都市主义。在你手中的这本书证明了这一点，现在只需要结合写作背景来理解我的观点。

为应对 21 世纪的情况，出现了两种全新的都市主义：战术和 XL（或超大号）。这一组合表明，雷姆·库哈斯（Rem Koolhaas）对 S、M、L 和 XL 项目有先见之明，但其构想是不完整的，它缺少了以战术都市主义为代表的 XS（超小号）类型。

建筑界目前对 XL 非常着迷（事实上，就在我写这篇序言的那一周，2014 年 3 月的《建筑实录》就以 XL 类别为主题出版了专刊）。XL 是诸如区域购物中心等项目，庞大而复杂，以至于它们包含了都市主义。人们认为这类项目会强化城市生活。它们无疑为标志性建筑提供了前所未有的机会，但也为惊人的失败制造了机会。

但即使是 XL 的标志性成功也有着黯淡的前景，大多数这类项目都是为了迎合亚洲和中东地区的新贵阶层的不安全感。正如詹姆斯·昆斯特勒（James Kunstler）所言，这类项目在社会、生态、经济或政治上都没有未来。XL 确实很壮观，但它们就像恐龙一样：每只都依赖于获得数吨的饲料，而哺乳动物可以靠几盎司的食物来生存。类比哺乳动物，多个 XS 战术性干预措施可以共同实现一个 XL 项目的城市生物量。

迷人的 XL 是高科技的单一结构，需要使用廉价能源、假定的集体行为和自上而下的协议——所有这些都是不可持续的。我有时认为美国中情局已经恢复了其自我吹嘘的聪明才智来摧毁美国在亚洲的竞争对手，把我们狂妄自大的 XL（超大型）设计嵌入在亚洲的城市，并在我们的建筑院校中用经济上不可持续和社会灾难性的城市设计概念训练竞争对手的孩子。

随着这类 XL 项目的蹒跚和凋零，全球对战术都市主义将产生更大的兴趣：去中心化、自下而上、异常敏捷、网络化、低成本和低技术。这就像在城市规划领域，苹果智能手机取代了大型电脑主机。

为什么战术都市主义刚刚出现？因为美国已经经历了那些现在正在被输出到他国的可怕想法。我们的顾问不会在这里建造 XL 项目，因为我们已经学会了不信任这类项目。我们的社会已经创造出抵御它们的抗体——无处不在的邻避效应（NIMBY）和棘手的官僚制度，无论如何，它们让项目变得困难。然而，这些失败已给我们的社会造成了如此严重的破坏，现在，即使是小项目也变得不可能了。

战术都市主义的卓越之处在于，它不仅是对 21 世纪日益衰败的环境的敏捷回应，而且把一组相对概念——私与公——变成了动机。公众参与的受挫和令人沮丧的过程以怀疑和试验性的方式开始，然后有所好转，因为战术都市主义学家的实践重建了信心。

战术都市主义纯粹是美国的专有技术。为整个大陆身无分文的移民提供食宿并使其繁荣，这是常识。我们需要重新思考——请允许我带着赞赏补充一点，XL 和 XS 都需要一种粗鄙的乐趣。没有它，你将不会得到战术都市主义。这是一个很好的筛选器，可以让你进入一些非常好的公司。

前　言

浪费危机是一件很糟糕的事情。

——保罗·罗默（Paul Romer）

　　我们在自己和父母都曾经历过的最糟糕的经济中，创办了我们的公司——街道计划协作社（Street Plans Collaborative）。因此，我们以节俭的保守主义对待我们的新公司，却毫不吝惜地在各自的社区花费时间。所以，我们在周围人的工作中发现战术都市主义也就不足为奇了，因为我们正在使用它的核心理念来逐步发展我们的业务。

　　我们的志向一直是，将规划和设计咨询与我们公司现在所称的"研究－倡导项目"结合起来。关于研究－倡导项目，当我们开始职业生涯时，还没有YouTube，博客（blog）和脸书（Facebook）才刚刚兴起，也没有人听说过推特（Twitter）。后来这一切都被很快改变了。我们从未在网络上联系得如此紧密，但在社区中却如此遥远。但当前的技术和各种重叠的开源运动的精神，在我们向他人学习和传播战术都市主义方面发挥了关键作用。这将在第3章作进一步探讨，但是需要明确的是，尽管这本书有定价，但这里包含的很多信息却是无价的。为此，我们深表感谢。

　　当你读完这本书时，希望你能感受到力量。写这本书的动因源于很多人的工作和实践对我们的启发，从而赋予我们力量，正如你将在接下来的故事中读到的。现在，我们比以往任何时候都更加激动，因为每天都有无数的创意项目出现；我们坚信，战术都市主义不仅能够使人们预见变化，而且能够帮助创造变化。这将会是非常强大的力量。谢谢阅读。

迈克的故事

写信是将独处和良好陪伴结合起来的唯一手段。
——拜伦勋爵（Lord Byron）

为了回到我曾实习过的杜安伊与普拉特－兹伊贝克设计公司（Duany Plater-Zyberk and Company），2007 年，我带着刚刚拿到的规划学位，离开了位于安阿伯市（Ann Arbor）的密歇根大学研究生院，来到了佛罗里达州迈阿密市。我的主要工作是负责"迈阿密 21"项目，这项工作要求用简化的开发过程来取代城市复杂而古老的分区规则，并旨在获得更符合 21 世纪规划理念的成果：分别是以交通为导向的开发项目、绿色建筑，以及在现有的独栋住宅区和快速变化的商业带之间创造更合理的过渡。这个项目——在当时是基于形式法则设计的最大项目应用，可能现在仍然是——具有创新性和复杂性；对于像我当年那样一个年轻且拥有理想的规划师来说，这是一个梦想中的任务。

然而，在最初的几个月里，我开始发现规划师工具箱的局限性，尤其是在向公众传达"迈阿密 21"项目的技术方面。我仍然热衷于做出改变，并寻找更多机会来影响我的新城市。

我每天独自一人从迈阿密海滩到小哈瓦那社区 8 英里（约 13 公里）的自行车通勤似乎是一个不错的起点。在工作中，我向同事们表达了我的担忧，希望能承担更多的工作，让迈阿密成为一个更加安全的、吸引自行车骑行者的地方，并且把我的空闲时间贡献给当地的自行车宣传活动。我当时的老板，伊丽莎白·普拉特－兹伊贝克（Elizabeth Plater-Zyberk），在工作时听到了我对这件事的讨论，建议我给《迈阿密先驱报》写一篇专栏文章，解释城市为什么以及如何改善自行车骑行者的条件。2007 年 12 月，我的一篇名为"让迈阿密成为一个自行车友好城市"的文章发表在《迈阿密先驱报》上。在文章中我声称，迈阿密在吸引和留住人才方面选择不与其他美国领先城市竞争，确保低成本的交通供应，并最终实现"迈阿密 21"的长期承诺。

在其他想法中，我建议城市聘请一名自行车协调员，实施一项全面的自行车总体规划，并转变政策以"完善其街道"。我也建议迈阿密学习南美洲哥伦比亚波哥大的自行车日（Ciclovía）项目——每周一次的宜居倡议活动，将大约 70 英里（112 公里）相互连接的街道改造成禁止机动车通行的线性公园。

在这段时间里，我也开始在广受欢迎的"穿越迈阿密"（Transit Miami）博客上写作，在那里我遇到了托尼（Tony），并与新成立的绿色交通网络（Green Mobility Network）倡议组织和"迈阿密新生"（Emerge Miami）密切合作。"迈阿密新生"是一个组织较为松散的、由年轻的专业人士组成的团体，致力于产生积极的影响。

我们的团体一起帮助成立了迈阿密第一个自行车行动委员会，并制定了一项可被采纳和实施的行动计划。让我们惊讶的是，我们让迈阿密更便于骑行的想法得到了市长曼尼·迪亚兹（Manny Diaz）及其工作人员的支持，他们发誓要让迈阿密成为一个更适合骑行的城市。该计划的重点包括到 2012 年获得美国自行车联盟（League of American Bicyclists）的自行车友好社区评级、与即将到来的资本预算支出相一致的优先基础设施项目，以及实施迈阿密骑行日（迈阿密第一个类似波哥大自行车日的活动）。前两件事，迈阿密花了几年的时间在政策和实际规划上取得了进展（迈阿密在 2012 年获得了铜奖），而类似波哥大自行车日的活动——现在在北美被普遍称为"开放街道"——上升到优先事项的首位，因为它能快速实现且相对便宜。而且，还有比关闭迈阿密市中心的街道进行社交和体育活动更引人注目的举措吗？

令我们高兴的是，数千人参加了 2008 年 11 月的第一次活动，不只有穿着莱卡骑行服的中年男性，还有整个家庭、各个年龄段的女性与很多年轻人。人们不仅骑车，还在通常被汽车阻塞的街道上步行、慢跑、滑冰和跳舞。由于这个活动的新颖性，它给街道带来了一种可触及的、令人陶醉的能量，其影响是迅速且非常明显的。此外，成千上万的笑脸、商业横幅广告，以及"堵车末日"的消失让很多人感到安心，其中包括市长，他发表了欢迎演说，然后带领了一场沿着弗拉格勒街（Flagler Street）的自行车骑行活动。

作为一项活动，迈阿密骑行日是成功的。它有一个更大的目的：让几千名参与者以一种全新的、令人兴奋的方式体验他们的城市。这也让他们有机会想象一个不同的城市未来——更便于步行、骑行，且有更多的公共空间。当然，我们当时没有称之为"战术都市主义"，但这正是它的本质。我完全被迷住了。

这次活动让我意识到，让我沮丧的不仅是迈阿密缺乏自行车规划，还有其城市规划领域。事实上，在进行了 18 个月的咨询工作之后，我并没有看到我的工作带来任何有意义的、实际的改变。也许我没有耐心——有人说这也是一种（职业）遗传——但是，许多规划工作很快就暴露了其自身问题：用昂贵的方式来讨论可行性，只有政治和资金相匹配时才能被实现。

2008 年首次亮相的迈阿密骑行日（Mike Lydon）

　　像大多数城市规划师一样，我从事这个职业是为了给世界带来明显而积极的改变。对于我来说，目标应该总是能在近期内完成，而不是"也许以后"。虽然"迈阿密骑行日"只是一个临时活动，但它似乎比我参加过的任何公共研讨会、专家研讨会或会议都更有影响力。我记得当时我在想，而且至今我仍然相信，变革性的基础设施和规划项目有它们的作用；新建铁路、桥梁或重新规划整个城市是有困难的，但肯定是必要的和重要的项目。然而，仅仅通过传统的规划过程，很少能获得所需的支持。可以肯定的是，一个城市不能仅通过长期规划来应对挑战，它还必须在许多较小的项目上迅速采取行动。事实上，正是这些项目让公民参与进来，从长远来看，往往会让花费高昂的项目成为可能。城市需要大规划，但也需要小策略。

　　考虑到这一点，我开始把"开放街道"倡议视为一种可能的规划工具、另一种城市可以触及并激励市民的方式，并且能让市民反过来激励政府接受变革的方式。"迈阿密骑行日"被证明是一种关键战术，用来建立公众对城市的初期骑行战略上的意识和兴趣。它在许多方面表明，隐藏在光天化日之下，多种各样的人群都在寻求更多的机会来使用公共空间。尽管只是暂时的，但如果规划师可以在几年内实现这些街道的改变也是一种幸运，更不用说只花了几周时间。

　　在"迈阿密骑行日"推出几个月后，我被邀请与该市新聘请的自行车协调员科林·沃斯（Collin Worth）一起执行迈阿密的第一个自行车总体规划。我真的很喜欢现在的工作，而且我很珍惜这次机会。我建立了一个家庭办公室，花了几百美元请一个朋友的朋友帮助建立了一个网站，并开始以"街道计划协作社"的名字独自经营业务。

完成这个规划后，我搬到了纽约的布鲁克林。我对由珍妮特·萨迪克-汗（Janette Sadik-Khan）领导的纽约市交通局（New York City Department of Transportation）正在进行的创造性工作越来越感兴趣：修建数百英里的新自行车道、新建几个试点步行街，还有夏季街道——纽约版的"迈阿密骑行日"。受此启发，我开始寻找其他热心活动的人和社区来推动计划和行动之间的健康平衡，在我看来，他们是激发变革的领导人。托尼和我在"穿越迈阿密"项目上合作了好几年，所以我们决定成为合作伙伴。2010年，我们正式将"街道计划"（Street Plan）成立为一家公司。

随着时间的推移，我不仅继续研究现有的"开放街道"项目，还继续研究各种短期的，兼有创造性的项目，这些项目对城市政策和城市街道有重大影响。那年秋天，我和一群被称为"下一代"的朋友和同事去新奥尔良参加静修会，这是新城市主义大会（Congress for the New Urbanism）的衍生品。我分享了一些关于美国经济衰退中期出现的看似无关的低成本城市干预浪潮的观点。

为了给我在新奥尔良分享的想法赋予更多的形式和一个可识别的名字，我们在2011年编写了《战术都市主义：短期行动，长期变革》（*Tactical Urbanism：Short-Term Action，Long-term Change*）第一册，并在SCRIBD上提供了免费的数字文档。我把链接贴在了公司的研究网页上，然后发给了同事，就去度假了。如果参加新奥尔良静修会的20多人中有五六个人读了这本25页的小册子，我就会很高兴的。

在不到两个月的时间里，该文档被浏览或下载了超过一万次。虽然我确信战术都市主义是一种潜在的强大而明显的趋势，但人们对它的兴趣还是超过了我们之前的所有预期。

到2011年秋天，我们的公司已经不仅是记录战术都市主义，而是将其融入我们的专业实践。我的朋友和同事奥拉什·卡瓦扎德（Aurash Khawarzad）建议我们把人们聚集在一起，分享信息、想法和最佳实践。就在那时，我们决定测试人们对数字领域以外的战术都市主义的兴趣。此后不久，位于皇后区的艺术团体"流量工厂"（Flux Factory）把他们位于长岛市原贺卡工厂改建的活动场地借给了我们；我们与许多组织合作，举办了第一届"战术都市主义沙龙"。在近10个小时内，来自北美各地的150多人讨论他们的项目，倾听他人的意见，辩论，享受免费的啤酒。在众多城市学家的研究兴趣和成果的进一步启发下，我们决定撰写

在肯塔基州米德尔斯伯勒（Middlesboro）的一个"建设更好的街区"项目中，迈克·莱登喷涂了一个"箭头"，来标记自行车和机动车共用一条道路（Isaac Kremer for Discover Downtown Middlesboro）

并发布第二册。我们将案例研究的数量翻倍，包括对战术都市主义历史的简要概述，并提供了一系列从未经许可到已被许可的战术；在我们写这篇文章的时候，许多需要申请许可的战术已转变为无须许可的战术了。

自皇后区的活动以来，我们在费城、圣地亚哥、孟菲斯、路易斯维尔和波士顿又联合举办了超过 5 次沙龙活动。并在撰写本文时，全系列出版物已被来自100 多个国家的人们浏览或下载 275000 余次。这其中包括第二册的西班牙语和葡萄牙语版本；以及聚焦中美洲和南美洲的第三册，这一册是与位于智利圣地亚哥的社会企业"新兴城市"（Ciudad Emergente）合作撰写的，这家企业致力于丰富公共空间；还有聚焦澳大利亚和新西兰案例的第四册，这一册由我们的合作伙伴、位于墨尔本的"共同设计事务所"（CoDesign Studio）研究并撰写。我们继续在世界各地组织研讨会，与学生、专业人士和市民合作，教他们如何使用"战术都市主义"来创造一种更加协作的方式进行城市和场所营造。

令我惊讶的是，写专栏这个简单的行为却带来了许多了不起的人、机会、想法和挑战。它也证明了，当你从小事做起时，了不起的大事也会随之发生。

托尼的故事

在阵亡将士纪念日的那个周末，我和当时四岁的儿子去了纽约，那是我第一次开始思考关于战术都市主义的问题。我们计划了一次特别的"父子之旅"，其中一站就是时代广场上的一家大型玩具店。就在我们来到玩具店的那个早上，百老汇大街已经被改造成一个步行广场，广场上摆放着草坪长椅和橙色塑料桶。这是一个惊人的变化。

从玩具店购物出来之后，我和儿子在新落成的广场上坐下来。作为一个在纽约生活了好几年，从小就来过纽约的人，我从来没有真正坐在时代广场上享受过，直到那天。改造是如此之新，以至于人们还拥挤在人行道上，不知道如何与空间互动。那天早上，我们是第一批自信地走出人行道坐在广场上的人。其他人也纷纷效仿，尽管进展缓慢。我们在那里逗留了一会儿，我儿子摆弄着他的新玩具，简单地享受着这座城市——这是你以前无法想象的。

广场改造的即时性引起了我的共鸣，不仅仅是因为我有在迈阿密参与大型项目（如"迈阿密21"）的咨询经验和倡导交通税减半的提案，还因为我的专业工作，以及几乎不可能完成任何事情的直觉。这是一条被改造成公共空间的街道，而且没有花费数百万美元，也没有等待漫长的时间就完成了。这种改造快捷又简单，而且行之有效。

这种规划方法感染了我。从纽约大学毕业后，我一直试图在迈阿密的城市环境中生活，但我感觉迈阿密的城市体验欠佳。我意识到，我喜爱的城市生活中的许多东西都消失了，主要是指发达的交通和可供选择的丰富的公共空间。回到迈阿密大学的郊区校园，我经历了一段都市主义遭受冷遇的时期，我开始设法寻找让自己更爱这座城市，并且让它变得更像我所希冀的城市的办法。

我开始参加各种公共会议、城市委员会会议和规划委员会会议，还给主编写信，参与各种与城市基础设施建设和城市功能有关的活动。我全身心投入城市的公民生活中。我渴望有一种更好的方式与市政府进行交流，为城市的发展做出更大贡献；然而，我发现除了当市政府的雇员或者作为聘用顾问之外，基本没有其他选择。

作为传递公民能量的一种方式，我开始为一个名为"穿越迈阿密"的当地博客写作（后来成为编辑），这个博客主要关注迈阿密的交通和城市规划。那时，博客这种形式相对比较新颖，这也反映了科技是如何影响城市的。通过我的写作，我深入参与了上文提到的"迈阿密21"项目的审批过程、2002年实施的交通税减半，以及迈阿密自行车文化的兴起。这些经历使我在书中提出的几个想法更加清晰。

首先是（城市）公共规划过程的功能性失衡。不久之后，一个具有前瞻性的城区规划法规将在我的家乡颁布，这让我很欣慰。但我没有想到的是，对于如此庞大和复杂的规划，审批过程是多么麻烦。该项目已经召开了数百次公开会议，明显优于之前的版本，但仍然被批评为是闭门起草的。虽然最终基于形态的法规得到了批准，但整个过程却对我产生了非常大的影响。无论这个法规有多进步，还是有很大一部分人反对这个法规（更不用说还有一部分人根本就不懂），从而导致了延误和更改。他们联合各反对派，与几十名土地使用相关问题的律师、开发商和说客一起，把审批会议搞得像一个令人眼花缭乱的反对派马戏团。我一直在想，我们如何才能确保一个真诚且缜密的公共程序，并改革大规模的分区规划体系？而不是变成现在的样子。

大概在同一时间，迈阿密戴德县（Miami-Dade County）批准了一项半美分的销售税，旨在为大幅扩建的地铁线路提供资金。我很自豪地投了赞成票，但是几年过去了，地铁线路的大规模扩建并未实现。尽管公众完全支持新建80英里（约128公里）的交通系统，但市政当局对实施这一昂贵的项目几乎没有兴趣。十年之后，地铁几乎没有建成，但该地区比以往任何时候都更需要交通运力。半美分销售税的失败给了我们另一个教训：大型项目不能解决我们的问题，我们需要找到一个更变通的办法来应对建设和改造城市的挑战，需要与类似"迈阿密21"这样的计划愿景保持一致，当然这些如果能实现就更好了。我开始把小规模的改变看作是解决大型项目停滞难题的一部分。

正是在迈阿密自行车文化和基础设施的发展中，我第一次见证了小规模的改变如何带来长期的结果。从"迈阿密骑行日"和"群聚自行车赛"（每月最后一个星期五举行的自行车赛，始于1992年的旧金山，被视为"月度政治示威"）到自行车基础设施的增加，虽然都是一系列低成本的项目，每一个看起来都无足轻重，但是结合在一起却让我相信，往往是短期的、易于实施的小项目可以对一个城市的文化产生与大型项目一样强大的影响。

研究生毕业后，我在查尔库珀建筑师事务所（Chael Cooper & Associates Architecture）工作，既从事大型综合开发项目，也涉及小型住宅项目。同时反观那些大型项目，看到我所宣传的理论开始体现在我的专业工作中了，并且我们在做某些项目的时候还会承诺此举会改善社区。事实证明，较小的项目是值得去做的，因为在短时间内就可以看得到实质的、可衡量的效果；然而在同一时间内，大型项目很少能被实际建成。

就在那个时候，我带着儿子去了纽约，亲身体验了我们后来称之为"战术都市主义"的东西。回来之后，我参加了一个城市设计专家研讨会，并意识到一些廉价的、短期的解决方案正普及开来（要么是因为政府的不作为、经济原因，或是缺乏共识）。回到家后，办公室减少了建筑项目合同，我发现自己相较建筑设计，对公众参与项目和街道空间营造更感兴趣。

一段时间之后，由于我在社区的志愿者工作，我的初创公司蓬勃发展起来；并且，我和迈克·莱登成了更为亲密的朋友，我们在"穿越迈阿密"项目上共事了几年，对重塑城市有同样的热情，而且都知道转变的关键就在于街道。我们在开始各自的职业生涯后不久，便决定成为合作伙伴，并正式合并成立"街道计划协作社"。

在举行了数百个项目、沙龙、研讨会和讲座之后，我们继续发展和完善我们对 21 世纪城市建设的思考。虽然我们知道仅靠战术性项目并不能解决城市所有的问题，但潜在的低成本和迭代的方法能以各种方式应对未来几十年的挑战。当然，我们知道不是所有城市都像纽约或者迈阿密一样；并且，我们从大量的实践项目中学习到，大都市郊区所面临的问题与人口密集的城市核心区遇到的问题一样数不胜数。世界各地的城市专家面临的挑战将是如何为每个城市找到低成本、迭代的应对方案。

致 谢

———

虽然不可能感谢参与支持这本书的每个人，首先要感谢我们的家人在这本书的写作和编辑过程中对我们的包容。非常感谢众多分享他们的项目、评价和文字的人们，无论是当面的还是在令人难以置信的丰富的数字媒体中参与的人。特别要感谢埃莉莎·科隆巴尼（Elisa Colombani）、克莉斯汀·维拉斯索（Kristin Villasuso）、拉塞尔·普勒斯顿（Russell Preston）、艾萨克·克雷默（Isaac Kremer）、霍华德·布莱克森（Howard Blackson）、理查德·欧莱姆（Richard Oram）、安德烈斯·杜安伊（Andrés Duany）、道格·凯尔博（Doug Kelbaugh）、戴维·维加 - 巴拉克维茨（David Vega-Barachowitz）、亚伦·纳帕斯特克（Aaron Naparstek）、罗纳德·伍德斯坦（Ronald Woudstra）、蔡信培（Shin-pei Tsay）、奥拉什·哈瓦茨得（Aurash Khawarzad）、詹森·罗伯茨（Jason Roberts）、安德鲁·霍华德（Andrew Howard）、丹尼尔·勒奇（Daniel Lerch）、马特·托马苏洛（Matt Tomasulo）、戴维·苏尔卡（David Jurca）、纳特·霍梅尔（Nate Hommel）、马克·雷克曼（Mark Lakeman）、格雷格·莱斯曼（Greg Raisman）、道格·法尔（Doug Farr）、查尔斯·曼隆（Charles Marohn）、伊丽莎·哈里斯（Eliza Harris）、伊恩·拉斯马森（Ian Rasmussen）、卡里亚·汉森（Karja Hansen）、马特·兰伯特（Matt Lambert）、爱德华·爱尔福特（Edward Erfurt）、费思·克伯·库门（Faith Cable Kumon）、吉姆·库门（Jim Kumon）、帕特里克·皮乌马（Patrick Piuma）、兰迪·韦德（Randy Wade）、埃伦·杜汉 - 琼斯（Ellen Dunham-Jones）、埃伦·哥特史林（Ellen Gottschling）、伊琳·巴尔内斯（Erin Barnes）、汤米·帕切罗（Tommy Pacello）、丹·巴特曼（Dan Bartman）、路易莎·奥利韦拉（Luisa Oliveira）、帕特·布朗（Pat Brown）、萨拉·纽斯塔特（Sarah Newstok）、杰米·奥尔蒂斯（Jaime Ortiz）、郑凯（Kay Cheng）、詹妮弗·克劳斯（Jennifer Krouse）、邦尼·奥拉·舍科（Bonnie Ora Sherk）、布伦特·陶德林（Brent Toderian）、凯莉·莱格（Kylie Legge）、朱莉·弗林（Julie Flynn）、赫拉·威尔伯（Kara Wilbur）、奇亚拉·坎波内斯基（Chiara Camponeschi）、哈维尔·维加拉·佩特雷斯库（Javier Vergara Petrescu）、马里科·戴维森（Mariko Davidson）、布莱恩·默克（Blaine Merker）、杰克·列维塔斯（Jake Levitas）、格雷厄姆·麦克纳利（Graham McNally）、菲利普·汤姆斯（Philip Toms）、维克托·多佛（Victor Dover）、詹森·金（Jason King）、约瑟·卡洛斯·莫塔（Jose Carlos Mota）和杰米·科雷亚（Jaime Correa）。

建筑师迪迪埃·福斯蒂诺（Didier Faustino）将广告牌改装成秋千，在"港深城市与建筑双城双年展"中展出，以出其不意的方式突出了重新利用这种无处不在的城市基础设施的可能性（Faustino，Didier[b. 1968] © Copyright. Double Happiness. Photograph of the Installation at the Shenzhen–Hong Kong Bi-City Biennial of Urbanism and Architecture，2009）Digital Image © The Museum of Modern Art/Licensed by SCALA / Art Resource，NY

01 扰乱事物的秩序

资源匮乏已不再是无所作为的借口。获得所有答案和资源之后才采取行动，这种想法必将导致停滞。城市规划是一个允许修正的过程，认为只有在每个变量都得到控制后才能进行规划，这种观点是极其狂妄的。

——贾米·勒讷（Jaime Lerner），建筑师，巴西库里蒂巴前市长

如果你在 2009 年阵亡将士纪念日前的星期五与近 35 万人一起参观时代广场，你会看到一个充满敌意的城市环境。这个著名的地方充斥着排放有毒气体的卡车，出租车司机不耐烦地大声鸣笛，小汽车无视行人信号灯在你身边穿梭。你可能会感叹：时代广场根本不是一个广场——它像一条紧紧缠绕在曼哈顿市中心肿胀脖子上的领结，引起交通堵塞。在这场看不到片刻暂缓的混乱中，你很容易发现，造成如此多游客聚集在此的原因正是能源、百老汇明亮的灯光，以及这一切的奇观。

左：交通拥挤的时代广场几乎没有给人们留下多少空间（纽约州交通部）

右：通过使用临时材料，时代广场给包括司机在内的人们带来了经济、社会和安全利益（纽约州交通部）

　　然而，如果在阵亡将士纪念日之后的周末再次造访，你会见到一个截然不同的地方。人行道依然充满生机，却不至于太拥挤；街上的噪声似乎不再那么震耳欲聋。最令人惊讶的是，你会发现数以百计的人脸上带着微笑，他们聊着天，甚至还有人坐在马路中间草坪中的折叠椅子上拍照。举目环视，光影变幻，你会见识到新型的、类似临时搭建的公共空间是什么样子，而就在几天前，拥堵的汽车和卡车把这一切都破坏掉了。即使你不明白"战术都市主义"这个词，也会从上面的叙述中感受到它的潜力。

什么是战术都市主义

　　韦氏词典对"战术的"（tactical）一词的定义是"属于或与服务于更大目标的小规模行动有关的"以及"巧妙地计划或操纵以达到目的"。战术都市主义是一种利用短期、低成本和可扩展的干预措施和政策，进行社区建设以及活化的方法。战术都市主义是由一系列行动者——包括政府、企业和非营利组织、市民团体和个人完成的。它利用了开放和迭代的发展过程、资源的有效利用，以及社交互动所释放的创造性潜力。它就像纳贝尔·哈姆迪（Nabeel Hamdi）教授所说的，在没有优势的情况下进行规划。[1] 在很多方面，战术都市主义是对缓慢而孤立的传统城市建设进程的一种习得反应。对市民而言，它允许即时划分、重新设计或规划公共空间。对于开发商或企业而言，它提供了一种收集设计构思的便利手段，并反哺于他们想面向的市场。对于倡导组织而言，它是一种展示如何可能获得公众和政治支持的方式。对于政府而言，它是把实践落实的最快速有效的方式！

> "战术的"一词的意义：
>
> （1）属于或与服务于更大目标的小规模行动有关的；
>
> （2）巧妙地计划或操纵以达到目的。

　　由于人们居住的场所从来都不是一成不变的，所以战术都市主义并不建议千篇一律的解决方案，而是注重有意而灵活的响应。城市发展领域中的众多学科仍然执迷于一刀切的解决方案，因为它们假设大多数影响城市的变量，无论在现在或遥远的将来，都可以得到控制。战术都市主义摈弃这一观念而信奉城市的多元动态性。这种重构引发了一场关于地方弹性的新对话，并帮助城市和市民共同探索一种更加微妙和灵活的城市建设方法。这种方法不仅可以设想长

折叠椅和橙色的交通桶被置于时代广场上，将其转变为对汽车临时封闭的行人空间（Nina Munteanu 摄，首发于 ToulouseLeTrek.com）

期的变革，也可以随着条件的变化进行调整。这一设想如何才能有效地完成？这便是本书的重点。

当然，本书中列出的方法并不适用于所有城市建设工作，我们也不提倡使用临时材料用于试验桥梁或摩天大楼。如果战术都市主义使用得当，一些大型项目可以催化城市发展。战术都市主义的价值在于突破所谓的"大规划"过程的僵局[呼应尼科·梅尔的论文"大的终结"（*End of Big*），将在第 3 章中进一步探讨]，在此过程中，既可以调整持续渐进的项目和政策，也不会忽视长期和大规模目标。

战术都市主义可以用于创造新的空间或帮助修复现有的空间。例如，波士顿花费了 220 亿美元进行"大挖掘"（Big Dig）工程，拆除了中央高速公路，为建设 15 英亩（约 6 万平方米）的罗斯·肯尼迪绿道（Rose Kennedy Greenway）腾出空间。[2] 2010 年，波士顿环球报发表评论，认为该绿道"本应成为波士顿集体精神的纪念碑，却成了该地区狭隘思想的受害者。"[3] 建筑评论家罗伯特·坎贝尔（Robert Campbell）这样说："需要思考，但无从下手。"[4] 为了回应坎贝尔和其他人士的批评，罗斯·肯尼迪绿道管理委员会采取了一系列措施激活荒芜的空间：示范花园、街头艺术、移动餐车，以及低成本的移动桌椅为绿道注入了新的活力。

轻质干预和大胆的公共艺术给波士顿不起眼的罗斯·肯尼迪绿道带来了人气和关注（Mike Lydon）

从本质上说，这些低成本的改造从来都不是总体规划的一部分，但它表明，改善原本毫无生气的公共空间并不需要花费数百万美元。

　　战术都市主义并不是使用低成本与迭代发展过程的孤例。比如，制造业经常采用著名的丰田方式，通过不断改进来实现长期目标。[5] 相类似的，科技企业家也遵循"精益创业"的原则，这是一种产品开发方法，提倡快速原型技术，作为"构建—度量—习得"产品开发周期的开端。这个想法意味着，在测试阶段，每一个产品都是在上一次的基础上改进而来，直到产品准备上市。[6] 这类概念在包括城市规划在内的其他专业学科中已得到广泛认同。本书将在第 2 章和第 5 章中探讨这些想法是如何与社区发展相关联的。

　　通过研究和工作，我们已经确定新兴的战术都市主义是如何通过运用创新的交通方式、开放空间和小规模的建设举措来应对过时的政策和规划过程的。这些项目通常源自市民的直接参与，或正式团体（如非营利组织、开发商和政府）的创造性工作。总的来说，战术都市主义证实了短期行动可以创造出长期变革。

　　战术都市主义经常被应用于城市社会学家威廉·霍利·怀特（William Holly

Whyte）所称的"尚未开发的巨大空间储备"。[7]这些空间储备——空地、空店、过宽的街道、高速公路地下通道、地面停车场和其他未被充分利用的公共空间——在我们的城镇中仍然很突出，并且已经成为企业家、艺术家、有远见的政府官员和热心公益的"黑客"的目标。这些群体将城市视为实验场，实时测试想法，他们的行动引发了各种创意和创业计划的兴起，如移动餐车、快闪商店、更好的街区计划、椅子轰炸、租赁式车位公园、集装箱市场、自制自行车道、游击式花园等。这些干预措施从来不是总体规划的内容，但这些奇思妙想不仅帮助使用者和路人想象不同的未来，而且提供了空间体验。这就是战术都市主义的魅力：相较于抽象的计划或电脑生成的效果图，它创造了具体的、可感触的变化。

DIY 城市主义与战术都市主义

生活黑客、制造、专业知识的终结、设计师灵感猎酷网站 Pinterest 或宜家效应，[8]无论你想怎样称呼它，DIY 文化的复兴在当前的建成环境中都能找到充分的证明。[9]DIY 城市主义包括快闪城市主义、用户生成城市主义、反叛城市主义、游击式城市主义和城市黑客。DIY 城市主义把创业行动主义的精神与公共艺术、设计、建筑、工程、技术和渐进城市主义的概念融合在一起。

那么，如此众多的"城市主义"是如何与战术都市主义相关联的呢？道理很简单：并非所有的 DIY 城市主义都是战术性的，同时，并非所有的战术都市主义都是 DIY 形式的。例如，国际上流行的街头针织艺术（用钩针编织或装饰路牌、自行车架、雕像等）是一种丰富多彩的 DIY 行为，给街景带来了创造力（也可能霉变）。然而，它通常不是为了引发长期变革，例如修改过时的政策或应对基础设施不足。我们可以把它描述为一种街头艺术或取巧的场所营造，但不能称之为战术都市主义。

DIY 城市主义是个体或最多是一个小团体的意识表达，这时它也可以被称为战术都市主义。但是，我们不应忽视战术都市主义也可能由市政部门、政府、开发商和非营利组织发起，用以测试想法或立即实施变革。尽管这些举措往往始于市民的较小努力，但当它们融入市政项目实施过程并推广到城市的各个社区时，战术都市主义所带来的好处就变得越来越清晰。

与它偶尔被描述为一个年轻的和有点反叛的运动相反，战术都市主义并不仅仅是由在黑夜的掩护下进行的未经批准的活动组成的。尽管有一些引人注目的例子，比如"行动团"（do tanks，与智囊团 think tanks 相对）和"城市维修队"挥舞着喷漆和重新利用运输托盘想颠覆迟缓的官僚机构，但是战术都市主义项目还

是存在于合法的范围内的。[10] 例如，由社区居民所喷涂的"游击式人行横道"属于未获批准的内容，但在时代广场无车区域内放置椅子的行为则得到了纽约市交通局的认可。不论发起者是谁，战术都市主义的吸引力在于，人们往往无法区分已经批准的项目和未经批准的项目之间的差异，只是在欣赏这场新兴运动中的以人为本的做法。

战略与战术

借用军事行动中的概念，战略和战术是城市建设中颇有价值的术语。在城市规划中，战略是通过总体规划的关键政策或发展基础设施来制定的，以实现社会、环境和 / 或经济目标。例如，要实现降低汽车依赖性的目标，需要一个可能包括一系列政策变化的策略，比如允许增加附近中转站的密度。该战略通过明确的规划过程得以实施，由市领导采纳，然后贯彻执行，以实现关键目标，如为了增加密度而进行的城市功能分区变更。

战术
范围

建设更好街区	公园日	人行道改造广场
非正式自行车停放	公园营造	人行道改造公园
十字路口修复	快闪市政厅	开放街道
游击式园艺	微混合	游戏街道
利用建筑退让	场地预活化	快闪咖啡厅
种子轰炸	快闪零售	易泊车APP
椅子轰炸	食品手推车/卡车	
反广告行动	移动摊贩	
	去除过度铺装	
	城市露营	

未批准 ⟵　**战术措施**　⟶ **已批准**

战术都市主义的范围：深思熟虑的项目往往始于最初的未经批准状态，并随着时间的推移而得到批准（街道计划协作社）

左：街头针织艺术是一种 DIY 改善，但它通常不是战术性的（由 Lorna 和 Jill Watt 在 2013 年创作的"鱿鱼树"，knitsforlife.com/yarn-bombs）

纽约布鲁克林区随处可见的"街道座椅",通常是由二手物品和回收材料制作的(Mike Lydon)

虽然这种方法在某些情况下确实有效,但既得利益同样顽固,过时的政策壁垒会阻碍进步,况且有时领导能力的缺失也会让周全的计划和策略束之高阁。这就是为什么战略的制定仅仅是成功的一半。规划师、开发商和倡导者都需要战术帮助寸步难行的车轮摆脱桎梏,从内到外地推动计划实现。这样一来,我们对战术的理解与经常被引用的法国城市学家、哲学家米歇尔·德·塞托的见解不同。

在其著作《日常生活实践》(*The Practice of Everyday Life*)中,德·塞托认为,战略是强者(政府)的正式工具,而战术是弱者(公民)的回应。前者与后者是对立竞争的关系。通过观察普通人如何改变建成环境来满足他们不断变化的需求,两者的辩证关系可以被清晰地认知。这种非正式的小规模城市建设过程有时被称为拼装(bricolage),赋予了社区特色,也被学者们称为"日常都市主义"。

我们的观点是,政府可以而且应该在战术上更有效地工作,就像公民可以学会更有战略地工作一样。因此,战略和战术具有同等的价值,应该相辅相成地使用。当然,战略和战术追求的目标不同,但我们更感兴趣的是如何共同使用这两者来推动城市发展。我们相信,战术都市主义是一种工具,它能创造一个更好、更有响应的环境,并能化解自下而上与自上而下的过程之间的矛盾。我们认为,城市化的战术是一种工具,通过主动为所有人创造一个更好、更快速反应的环境,来解决自下而上或自上而下的过程之间的紧张关系。第 5 章将概述具体措施。

自上而下
市长 | 市议员 | 市政部门

战术
都市主义

开发商
企业
商业改善区

倡导组织
艺术家
规划与设计公司

自下而上
市民活动家 | 社区团体 | 邻里组织

战术都市主义的参与者包括自下而上、自上而下，以及介于两者之间的一切人员和组织（街道计划协作社）

如何接触更多的人，且如何让更多的人能接触到你

无论是试图实现更多的交通选择，增加公共空间的使用权，还是为所有人提供更为舒适的公共领域，对于公平的追求往往是战术都市主义项目的焦点。当然，公平是由具体情况来界定的，并且它意义广泛，很难被定义，对一个群体公平的事情对其他群体来说可能不一定公平。

不过，当给更广泛的人提供平等的机会参与公共决策时，城市规划过程趋向于吸引特定人群：那些受过教育的人、对公共事务感兴趣的人，最重要的是，有空闲时间的人。找到办法吸引年轻人、老年人、被剥夺权利的人和不感兴趣的人参与其中，是不容易的。我们在项目咨询过程中确实遇到了这个问题。

尽管公共规划项目永远不会得到百分之百的参与，但执行良好的战术都市主义项目是将规划建议和概念带给更广泛受众的一种方式（参见本章戴维斯广场案例）。与其让人们在周二晚上六点半来到市政厅，不如把规划建议带到人多的地方去宣传并尝试其可行性。第 3 章将进一步探讨公众参与过程中的局限性，以及战术都市主义在扩大参与范围方面的作用。

战术都市主义：三种常见的应用

我们已经提到了各种各样的行动者，也涉及了行动者们可能达到的目标。以下是我们发现的最常见的三种应用。

·由市民发起的，绕过传统的项目实施过程，并通过抗议、成型化或视觉展示改变的可行性，来对抗政府的官僚主义。这项活动代表市民在行使自己的"城市权利"。

·作为城市政府、开发商或非营利组织的工具，在项目的规划、实施和发展过程中，更广泛地让公众参与。

·作为城市和开发商使用的"零阶段"早期实施工具，在做出长期投资的决策前，进行项目测试。

这三种使用战术都市主义的方式并不相互排斥。实际上，经常是一生二、二生三的。下文将深入研究每种应用，并提供案例。

市民展示对变革的需求

对于市民来说，战术都市主义通常被用来表达一种温和的抵抗，或者仅仅是作为一种无须市政法规或延长公共事务进程的做事方式。其对抗目标通常包括过时的政策或不良的物质环境状况。与任何形式的抗议一样，其力量来源于用直接行动来传达变革的愿望和可能性。例如，在停车区域，人们会暂时把车停在路边，缩小街道的宽度。2013 年，布法罗市组织了一场"帕克赛德大道停车"（Parkside Park-in）活动，在交通高峰时段缓解这条四车道大街的车流量。YouTube 上的一段视频捕捉到了这一事件，其中一名倡导者称："多年来，这条街上的交通一直在喧嚣。这里不是高速公路的进出匝道，而是一个社区。"[11]

随着可步行性成为衡量城市健康的一个越来越重要的指标，"游击式人行横道"已经成为社区活跃人士的一种战术，因为他们厌倦了要经过数月或数年才能在地面上设置几条斑马线的情况。事实上，从纽黑文到檀香山的市民们已经开始自行添加那些原本并不存在或是已经看不见的人行道。尽管许多类型的干预措施在实施时没有引起争议，但游击式人行横道运动已经在一些城市引起了市政部门的关注。例如，2014 年 2 月《强镇》发表了题为"别傻了，头脑灵活点"的博客文章，劝诫檀香山政府取缔市民修改斑马线的行为。这传递了一种信息，我们需要在由汽车主导的十字路口加上一定程度的人性意识。但是，据当地公共工程官员称，该做法只是在垂直线上增加了几条水平线，这是一种"对标准的偏离"，因此不可信。当然，荒谬之处在于：夏威夷对街道设计标准的坚持导致了其在美国最高的行人死亡率，尤其是在老年人中。[12]

国际流行的"椅子轰炸"运动更多的是源于奇思妙想，而非抗议。这种流行的战术包括将运输托盘变成阿迪朗达克椅子（Adirondack chairs）或其他形式的

在匹兹堡，具有公民意识的战术都市主义行为并不会被忽视（Leslie Clague for the Polish Hill Civic Association）

街道家具，然后将其放在人行道或公共空间里，供人使用。它通常是由公民行善者实施，以期缓解城市座位的短缺。行动团组织：2011 年，布鲁克林的组织在纽约周边设置了几个这样的街头座椅，并引发了国际趋势。[13] 此后，托盘椅子已成为 DIY 和由市民主导的战术都市主义运动的普遍象征。

　　尽管一些市政官员可能会对未经许可的市民活动做出负面回应，但社区居民往往为之鼓掌。由此产生的紧张关系暴露了我们的法规所鼓励的城市形式和许多人想要的城市舒适感之间日益扩大的差距。尽管有一些政府的负面例子，比如前文提到的檀香山，但城市领导人越来越多地将这种有公民意识的活动作为一个契机，利用市民的支持进行必要的政策转变和长期项目。第 4 章将探讨市民主导行动的变革力量，第 5 章还将讨论如何确定一个未经批准的"游击式"方法是否适合你的项目。

公众参与的工具

　　城市规划者和其他人都认识到，战术都市主义可以在城市开发过程中帮助弥合城市、开发商和市民之间的差距。例如，纽约市有前瞻思维的城市领导人发现，实施临时试点项目可以帮助减轻对邻避效应的恐惧，这提供了变革的可能性并已在短期项目中得到验证。其他城市也在迎头赶上。2012 年，当在马萨诸塞州萨默维尔市戴维斯广场附近实施街景规划时，使用了被总规划师乔治·普罗基斯（George Proakis）批评为传统的自上而下的"设计—呈现—维护"的方法，少数"对一切说不"的社区利益相关者破坏了该规划中一些最合乎逻辑的公共空间元素。萨默维尔市政府意识到现有的公众参与系统只吸引了少数代表"公众"的人，于是改变了策略，提出了"萨默维尔设计"社区规划倡议计划。该计划的核心是使用战术都市主义将规划概念普及给人们，而不是要求人们来参加规划会议，从理论上讨论规划方案。其目标是向人们展示现实世界中的多元机会，以便让更多样化的人群能够做出更明智的决定。

早期我们公司参与了一个在"萨默维尔设计"倡议计划中的项目，将一个非常小的公共停车场改造成为期三天的"快闪广场"。广场原本的设计方案在2012 年的街景规划中，但被公众否决了。受欢迎的移动餐车租用了一些停车位，涵盖了项目的小额成本，公共工程部门将市政厅的桌椅放置在广场上，街头表演者和音乐家（有些是计划中的，有些不是）带来了额外的活动。这种临时的空间转变与社区规划研讨会相结合，有效地将广场的概念传递给更广泛的受众。三天之后，公众会议、放置于广场桌椅上的评论卡，以及普遍的社区舆论都明确表明，公众更支持将停车场转变为一个公共空间。全市自开始这一进程以来，证明了真正的参与性规划必须超越绘制活动挂图和地图。此外，该市还将战术都市主义纳入了"萨默维尔设计"倡议计划中包括的其他社区规划过程中，包括公众参与和项目实施阶段。

零阶段项目

随着策划者和公众参与者缔结正式的规划过程，他们对于未来成功的期望通常很高。但在项目等待资金预算、拨款或州和联邦政府的资金，然后陷入监管和繁琐的项目交付过程中，这种热情和势头会慢慢减弱。战术都市主义可以通过我们所说的"零阶段项目"来缓解这种情况。零阶段项目有时被称为"占位符项目"（placeholder project），使用临时材料和装置，延续正式规划的势头。这类项目可以带来直接的好处，同时收集定性与定量的数据，并在支出较大成本之前，将这些数据整合到项目设计中（详见第 4 章中的时代广场案例）。

如果项目没有按计划执行，那么整个预算就不会用尽，后阶段的设计可以被校正，以吸取前期的经验教训。如果做得好，这个小规模和临时性的改变是实现持久变革的第一步。这种迭代过程不仅创造了更好的项目，而且延续了在传统规划过程中建立的势头。

最近，在澳大利亚东部小城彭里斯（Penrith），就有一个零阶段项目的例子。在完成了为期 18 个月的该市主要街道的"高街总体规划"后，总部位于悉尼的规划顾问公司普雷斯设计公司（Place Partners）建议该市议会立即推进并测试规划方案的重点建议之一：用新的社区公园替代一个较为冷清的商业街区和一片未被充分利用的沥青路面。

　　尽管知道该项目提案的资金和政治意愿还不存在，在普雷斯设计公司的建议下，市议会还是勇敢地承诺投资 4 万美元，用一年时间试验快闪公园。我们公司应邀协助举办一个工作营。其中，市民和当地的利益相关者使用由城市公共工程部门提前提供的价位套件，共同设计了快闪公园。市政府同意在未来一个月"建设"快闪公园。

位于马萨诸塞州萨默维尔市的戴维斯广场附近的一个小型停车场，在临时改装之前的状况（Dan Bartman）

"卡特广场"是马萨诸塞州萨默维尔市的一个为期 3 天的快闪项目，广泛的公众参与和支持改善了公共空间（Dan Bartman）

考虑到市政府的财政承诺和积极的时间表,工作营的参与者——商业经营者、建筑系学生、当地居民、社区成员和政府工作人员——感到手头的工作不是天马行空的想法,而是真实可行的。美中不足的是,3 个团队都必须用不到 1 万美元的材料来设计他们的项目部分,这样剩下的 1 万美元就可以用于将 3 个方案拼接成一个整体的公园。

按照承诺,该市在第二个月实施了这个试验性公园。尽管最初的评价好坏不一,但由一家独立咨询公司进行的中期评估使用了过去 6 个月收集的数据(交通流量、用户行为、零售业绩),并发现尽管一些业主仍然态度冷淡,但一些零售商和邻近的餐馆对这个项目非常满意。此外,公众越来越习惯于享受公园里众多的公共活动。2014 年 5 月,市议会投票决定将快闪公园最初的一年承诺,延长至 2015 年的 3 月 [14],甚至采用类似的方法开始实施第二个快闪公园项目。[15]

在美国,零阶段项目正在各地不断涌现。自 2007 年以来,纽约市交通局一直与当地商业促进区和倡导组织合作,将数英亩的沥青路面改造为临时广场、机动车禁行区和安全岛,其中一些已经得以永久性使用(见第 4 章)。在华盛顿特区,该市的城市规划办公室与业主合作,建立"临时商业中心",用快闪商店和艺术装置活化闲置的商业空间。

在西海岸地区,旧金山备受赞誉的"人行道改造公园"计划致力于"战术项目",例如租赁式车位公园:将街边停车空间改造成微型公园(见第 4 章)。在圣地亚哥,开发商和名为"市中心合作伙伴"的组织用名为"井仓"(Silo)的临时场地装置给空地带来活力,并且在街景中增加了快闪口袋公园、移动式停车位公园和城市农场。俄勒冈州波特兰市领先于其他西海岸城市,在 2001 年通过一项市政法令,批准了市民主导的"十字路口修复"项目(见第 4 章)。最终,拉斯维加斯、阿尔伯克基、芝加哥、盐湖城、普罗维登斯、亚特兰大,以及其他十几个从东海岸到西海岸的城市,开始开发已批准的城市性战术都市主义项目。将战术都市主义纳入市政规划部门并非没有风险,但它仍然是一个很有希望的趋势,因为它代表着城市寻求项目实施方式的转变。

我们正在进行的咨询和研究工作中令人高兴的是,追踪那些简单和低成本的项目,看它们是如何通过当地市民、市政府或私营部门的领导,从临时项目演变成持久性的项目。当然,我们认识到,只有市领导和市民一致制定出一种全面的、跨学科的方法,为最需要它们的地方带来好处时,战术都市主义的承诺才能得到实现。

右上:改造之前——位于彭里斯商业街的一段不起眼的柏油路面(彭里斯市议会)

右下:改造之后——快闪公园为城市的商业街创造了公共空间的焦点(彭里斯市议会)

为什么你应该继续阅读

战术都市主义经常被误解为一个杂物箱，用来描述从在烧烤酒吧喝酒到黑板留言墙的一切行动。这样的活动不应该被遏制——我们永远不会对一个好的酒吧说"不"——但我们希望这本书能阐明什么是战术都市主义，以及如何有效地使用它。

对于初次尝试的人来说，战术都市主义不是一个现成的解决方案，也不是一个回应新想法的检查清单。相反，战术都市主义被工程师和规划师查克·马罗恩（Chuck Marohn）称作是将有序但愚蠢的系统转变为混乱但精明的系统的方法——它允许人们和各种新兴想法在社区尺度上改善生活质量。这样一来，其优点是与过程直接相关联的：战术都市主义允许频繁的修正，并表明了其通过实际测试来推进想法的意愿。结果可能会有所不同，但这个过程应该是值得信任的。事实上，这类似于我们大多数人在六年级时学到的东西：科学的方法。

> 政府和被管理者之间的紧张关系就像城市本身一样古老。

本书讲述了城市领导人和市民如何共同创造一个更灵敏、高效和有创造性的方法，来建设社区。政府显然做了很多事情，其中不乏做得好的。然而，为管理各种政府城市建设服务（如规划、工程、住房、公共事务）而开发的（马罗恩称之为）"卓越孤岛"创造了一种不协调的政府软件（如文化、规范、政策），最终转化为创造城市的硬件（如建筑、街道、公园）。这个系统的核心已经存在了近100年，在大多数社区，它已经开始衰败，应进行升级。如今，那些参与城镇建设的人的任务是重新整合软件，使一个更好的硬件涌现，以便改善居民的生活和游客的体验，并为企业主带来经济上的成功。

话虽如此，政府和被统治者之间的紧张关系就像城市本身一样古老。虽然"战术都市主义"这个术语相对较新，但这本书中分享的许多过程、想法、战术和项目都不是全新的。第2章将论述历史上的六个时刻，展示非正式的、移动的、临时的和战术性的城市建设举措是如何不断改变城市的社会、政治、经济和物质结构的。

第3章将探讨经济大衰退、回归城市、与政府日益脱钩的趋势和激进的连通性增长，是如何支持战术都市主义在21世纪得到兴起的。如果一切都不保持不变，那么问题就变成了如何从过去十年中吸取教训，从而洞察未来几年城市将如何发展。

本书收录了许多有创新性和鼓舞人心的项目。第4章重点阐述了5个最能体现战术都市主义影响力的案例：十字路口修复、游击式寻路、建设更好的街区、公园营造和人行道改造广场。这些战术可能对一些读者来说较为熟悉，但我们敢说，即使是经验丰富的战术都市主义学家也会从中发现一些新的东西。事实上，每一种战术都有一个引人注目的起源故事，说明了项目开发的原因、项目是如何执行的、从实施过程中获得的经验教训，以及项目已经在本地、全国乃至国际上产生的影响。我们介绍的案例启发了很多伟大的项目，其中4个案例也包含了另一个时间和地点的实践，证明了这些战术的可扩展性。

考虑到战术都市主义项目的社会、物质和文化背景的多样性，一个现成的操作规程是无法想象的，也是不建议的。此外，战术都市主义的工具包也在不断发展；我们与我们的项目合作伙伴、实践者和像你这样的读者一起，不断研究和学习。但我们确实在第5章中提供了最好和最新的建议，帮助你发展自己的项目。我们发现，成功的项目具有与设计思维的五个原则相一致的共同元素。在这里，设计指的不是对象本身，而是一个特定的过程，它应该被描述为"一种行动、一个动词，而不是一个名词。"[16]

本章首先讨论了需要了解终端使用者并发展同理心。接下来，解释了如何定义和选择适当的项目机会，并决定项目形式，比如以被批准的正式形式出现，或者可能是非正式形式的。还讨论了如何计划项目——是的，必须有一些计划——并解释如何向前推进项目，包括资金和寻找合适的合作伙伴。也讨论了如何开发原型，分享一些我们最喜欢的案例，并展示了测试阶段，其中包括开发度量标准来帮助评估项目的成功与失败（没错，会存在一些失败）。

在本章的末尾，我们建议对规划和实施项目应做到尽职尽责，并提出一系列指导性问题，帮助你在开始第一个或第100个项目之前思考。

在结论中，我们简要地回顾了战术都市主义运动，并希望你使用这本书中的思想，在你自己的城市采取行动，迎接挑战。

在继续下文之前，我们想强调，战术都市主义是具有局限性的。对于许多棘手的城市问题，战术都市主义并不是解决方案。它不能解决城市中所面临的保障性住房危机，也不能修复破损的桥梁；它无法修建高铁线路，也无法解决在许多北美城市中迫在眉睫的公共部门养老金危机。如果你能找到解决这些危机的方法，我们一定会买你的书。

但严谨地说，这些限制也解释了战术都市主义不可否认的吸引力。这是一场基于对未来的积极愿景的运动。它既可以在大城市也可以在小城镇激发回应和过程。它可以帮助你，既与你的邻居又和城市领导人一起建立社会资本。它就像纳贝尔·哈姆迪所说的，是"为了改变，而扰乱事物的秩序"[17]，并在我们最在意的地方——我们的社区，创造宜居性。

02 战术都市主义的来源与前身

——

远在城市产生之前便有了小村落、圣祠和村镇；在村镇之前已经有了宿营地、贮物场、洞穴及石冢；而在这一切之前已经有了某些社会生活的倾向：这显然是人类与许多动物的共同之处。

——刘易斯·芒福德，《历史中的城市》[1]

相信我们已经发现了一些全新的城市主义形式，但事实是，这种试图通过临时与低成本的方法创造出来的应对城市生活挑战的念头并不新鲜。在本章中，我们通过漫长的历史经验重新组织起了一套场所营造的核心价值（临时、低成本、灵活、迭代、公众参与），并加以更新，使之适应当前的数字时代。从临时性罗马军事营地到 16 世纪在法国巴黎沿塞纳河畔非法售卖的书摊，再到 1892 年芝加哥世界博览会上临时的"白色之城"（White City）展馆，纵观历史，战术都市主义早已铭刻在城市建设的模式中。

当前，一些社会、经济和技术趋势的融合（将会在第 3 章讨论）已经使许多人重新发现了我们现在所说的战术都市主义的好处。归根结底，战术都市主义描述了我们对人类基本本能的最新反应：为了增加社会资本和经济机会、获得食物、远离自然和人类敌人的危害，以及获得一般的宜居性，而采取的渐进式的、自我导向的行动。这些本能既表现为促进建筑、街道和公园的精益和高效发展的宏观战略，也表现为涉及商业、政治、娱乐和艺术仪式的微观战术。

本章介绍的历史先例是不全面的，也不是完全一致的，但它们确实可以作为战术都市主义干预的灵感和前身。这些先例的选取原则是不受时间限制的。在历史时间轴上，人类施展聪明才智，旨在改善城市生活，不需要区分他们的专业和部门。对于提高城市生活水平，我们永远有未满足的需求和未开发的机遇，而那些能够直接、富有创造性和有效解决这些问题的人将继续在 21 世纪指引着我们。

第一条"城市"道路建于塞浦路斯岛上新石器时代的乔伊鲁科蒂亚聚落，约在公元前 7000 年至公元前 3000 年有人类居住（Ophelia2 via Wikimedia Commons）

第一条街道

街道是一个城市的脊柱，也是最大的公共空间储备库。因此，以市民为主导的城市主义精神可以自然地体现在第一条开阔的城市街道的设计建设过程中。位于塞浦路斯岛上的乔伊鲁科蒂亚（Khoirokoitia）新石器时代定居点在公元前7000 年到公元前 3000 年就有人居住，比使用陶瓷工具早了几千年。在其鼎盛时期，该村居住着 300 ~ 600 名居民。

由不同大小的圆石结构构成的村落面朝一条直线形街道，这里的建筑与街道一同构成了只能经由一系列自下而上的阶梯与步道才能通达的单峰结构；一个人只有沿着这些通路走上去才能到达城镇。[2] 城镇内部的街道宽 600 英尺（185 米）。建造所用岩石采于塞浦路斯的山坡上，而被建造出的道路则被用于服务村落社区中最基本的需求——社交、交通、贸易及防御。

乔伊鲁科蒂亚道路的建造意味着复杂的社会协作与建设方面的新水平。与此同时，街道对于村落的建设具有更大的意义。确实，"街道"并不只是建筑物之间的空余空间，而是一个有意而为的从地面上建造出的具有可控入口的结构。没有任何正式的总体政府体系，乔伊鲁科蒂亚的居民是街道的建造者及维护者，他们懂得其对于村落生存的重要性。[3]

不像那些非正式道路、小径或其他临时通道，乔伊鲁科蒂亚人达成了一项共同协议来确保主要街道的物理性质保持不变。人们期望公共街道和私人住宅之间的划分得到尊重和维护，我们可以从几千年来保存完好的古迹中推断他们成功地做到了这一点。由于村庄内部没有其他公共空间，这条街道本质上引入了一种社会功能——都市主义。

尽管村里的居民不会把它认为是规划行为，但这种沿公共动脉有意识地组织结构，表明了其是历史上第一个公共的、由市民主导的规划过程。因为他们的城镇（最多）以百人计，所以人民需求和长老会之间的鸿沟非常小。长老会并不是以统治者的身份，而是以获得共识的仲裁者的身份来监督这一进程。[4]

乔伊鲁科蒂亚的街道建设是古代人类改善和主动维护共同居住空间的集体愿景的体现。事实是，不论正式或非正式的建造行为在城市的创建中都发挥着重要作用。虽然很容易看到数百人的村庄中的公民如何聚集在一起建造一条街道，但当一个城市拥有十万或更多人时，这种乡土的城市建设精神会是什么样子？今天，大大小小的城市都回答了这个问题；自从许多交通方式被发明以来，人们创建街道已成为一项极其复杂的工作。然而，20世纪60年代后期第一个荷兰居住区的例子（在下一节中叙述，第4章中也有许多例子）给了所有人希望，市民能够并且持续将街道收回，以实现其最初的建设目标：用于步行、玩耍、销售和社交。城市是为人服务的。

生活街道

荷兰"生活街道"（woonerf）的发明备受瞩目，是因为不同于过去100年中出现的街道设计创新，它并非源于交通工程专业，而是源于市民对其生活的社区内缓行慢速交通的追求。"生活街道"在荷兰语中意为"生活庭院"，它是一条住宅街道，在这条街上，不开车的人要比开车的人拥有更多优先权。这是通过使用物理设计将车辆减速到接近步行的速度来实现的。机动车司机为了避免撞到战略性放置的树木、护柱、自行车架和其他便利设施而必须放慢车速。[5]

当荷兰代尔夫特市的一群居民对与安全、拥堵和污染相关的日益严重的问题感到沮丧时，"生活街道"应运而生。[6]市政府的不作为让附近住户愤然在半夜拆除部分路面，这样汽车就不得不低速绕过由此产生的障碍物。这种由市民主导、自下而上的倡议向全世界介绍了一种新的街道类型，它收回了曾经给予汽车的优先权，而将街道游玩、散步、骑行的功能还给了市民。

由于几乎没有证据表明干预措施扰乱了日常生活，市政府悄悄地忽视了公民

荷兰生活街道——一条为行人、骑行者和在此休憩娱乐的人提供空间的街道——最初由附近街区的居民为减缓此地交通而自发建立（Dick van Veen）

主导的实践行为，支持倡导者寻求正式途径来使其被接受。1976 年，荷兰议会通过了将生活街道纳入国家街道设计标准的法规。如今，生活街道或类似这种形式的共享空间实践已成为除北美以外越来越被接受的普遍交通稳静化措施，国际机构也因为它基于共同专业操守的行业标准和专业工程实践而最终接受它。

从国际社会对"生活街道"项目的接受和认可中可以看出，未经批准的草根活动是如何随着时间的推移而获得政府机构批准的。第 1 章介绍了这个路线——从未经批准的创新活动到被批准、被认可的实践过程，书中还将多次提及，因为它证明了允许自下而上的创新实践为自上而下流程供氧的重要性。

卡斯特拉

当政府选择促进快速高效的城市发展原则时，战术都市主义更能够扩大规模。城市街道网格的创建和由此产生的街区模式是历史上用于集中、自上而下的规划工作的一种策略，旨在为集体、自下而上的城市化提供框架。

这一过程最著名的历史事例之一是罗马军营卡斯特拉（castra）的建立。卡斯特拉是一种用于描述行军途中保留的临时或永久的军事营地的术语，拉丁语意为"伟大的军团营地"。罗马历史学家弗拉维乌斯（Flavius）是这样描述的：

一旦进入对方领地，他们并不急于战斗而是先建造卡斯特拉。他们修建的栅栏整齐有序而不是参差不齐，他们也并不仅是随机的驻守在营地内。遇到不平整的地面，会先修整地坪。营地是四周等长的方形，由大量木匠整装待发修建其中的营地建筑。[7]

一些永久性的石头建筑是为特殊用途而建造的，但营地中的营房首先用布等临时材料搭建（至少是在西班牙等气候温和的地方）。在战斗间歇，营地变成当地居民的商业和贸易中心，随着时间的推移，临时建筑让位于更永久的建筑。从巴塞罗那到迦太基，欧洲和中东各地的城市都起源于罗马临时军营，这些军营采用易于通行的网格街道图案。[8]伦敦是最著名的例子之一，它最初在公元20年左右作为卡斯特拉定居点。罗马人入侵英格兰并向内陆行进，直到他们到达泰晤士河，在那里，他们在现在的伦敦桥以东搭建了一座临时木桥。随着时间的推移，卡斯特拉时期建立的桥梁和框架吸引了大量定居者，并最终带来了城市的发展与繁荣。

网格的演变

罗马卡斯特拉留给市政规划的遗产之一就是使用网格系统来促进土地的快速开发。[9]这种具有适应性和可预测性的城市发展战略成为历史上城市定居点发展的实际模式，包括从西班牙腓力二世颁布的一套殖民地管理规划法律（the Laws of the Indies），到殖民时代的美国城市发展，如萨凡纳（Savannah）和费城。

当威廉·佩恩（William Penn）在1682年为费城设计一个乌托邦小镇时，他在特拉华河（Delaware River）和舒尔基尔河（Schuylkill River）之间布设了基于街道和街区的网格系统。他最初的设想是建造"绿色乡村小镇"，由80个占地1英亩（约0.4公顷）的"绅士庄园"构成，田野和花园环绕在豪宅周围，并均匀分布在两条河流之间。然而，佩恩的设想一再遭到拒绝，因为没有政府可以按照他的想法去征税。正如一个会计师所述，"由于议会很少开会，而且由于所有的官员在此期间都没有任何执行权力，宾夕法尼亚州几乎处于无政府状态——也并未因此受到严重影响。"[10]

尽管缺乏政府管理，这座城市还是在20年的时间内发展成一个繁荣的商业中心。随着时间的推移，这座城市的土地所有者并没有在1英亩的土地上开发豪宅，取而代之的是更经济、更密集的混合土地开发模式——联排别墅及狭窄的居住区内街道，与许多人所熟知的伦敦城市布局方式没有不同。[11]

这种模式的雏形首次体现在埃尔弗雷斯小巷（Elfreth's Alley）的建设中，它也被一些学者认为是美国最古老的连续性居住区内街道。1702 年，拥有沿河地产的殖民铁匠约翰·吉尔伯特（John Gilbert）和亚瑟·威尔斯（Arthur Wells）各自割让一部分地块，在他们的店铺门口修建一条街道，使他们的沿河铁匠铺与第二大街连接起来，以更好地接入不断发展的城市北部、西部和其他区域。[12] 这个半无政府主义、合作式、点对点城市发展的例子是对实际需求的回应，可以被认为是美国由市民主导的城市干预的早期案例，在当今充满死胡同的郊区中是难以想象的。

北美单层住宅

我们已经讲过，许多街区尺度策略能够更好地促进由公民主导且更有颗粒度的城市化进程，那么对于单栋建筑有什么意义呢？我们的高楼大厦是如何依从临时的、中心式的城市规划策略，或是永久的、公民主导的土地开发来建造的呢？

在 20 世纪早期，城市增长压力和伴随而来的对基础设施（街道、下水道、能源、运输等）的需求，为房地产开发商细分化城市边缘区域土地带来了市场。这种趋势带动了城市开发转型，并通过便捷的私人出资建设的有轨电车线路，为未来城郊居民通勤市区就业提供基础。新兴住区曾一度主导了总体规划项目，包括具有紧凑独户住宅、公寓和便利店的建造地块，分布在混合直线、曲线形的街道网格中。美国有轨电车郊区诞生了，开发商主导的城市化时代也应运而生。

郊区有轨电车的开发商与今天没有不同，但开发框架却大相径庭。因为它允许市民通过建造可以从目录中购买的平房和房屋来更直接地参与社区发展。1927 年，一个家庭花费约 1200 美元（约合今天的 15000 美元）就可以购买一套详细的蓝图，并附带施工手册；两周内货料可以进场，以便人们自行建造房屋。在此过程中，开发商并不参与建设，他们做的仅是在房子周围建造基础设施并出售土地。由于该系统早于市政用地分区和土地开发法规之前推行，几乎没有任何的官方手续需要办理，从而降低了每个人的成本。事实上，新房主无须浏览市政流程网络或聘请建筑师、律师和承包商，就可以在短期内为自己建造一座具有吸引力的住宅。[13]

工匠目录中提供了数百种不同的建筑平面以供选择，因此可以轻松地为加利福尼亚州和纽约州北部提供定制的住宅服务。阿拉丁房屋公司吹嘘说，任何能挥动锤子的人都可以建造阿拉丁之家。[14] 西尔斯著名的邮购现代家居计划可以让客户自由地通过其高质量的定制设计和方便快捷的融资服务来建造自己的理

1921 年，西尔斯·罗巴克产品目录中可以通过邮件订购的众多房屋之一（西尔斯·罗巴克公司产品目录中的"西尔斯家园 2013"，1921 年，维基共享资源授权）

想家园。事实证明了该系统的成功，1908—1940 年，西尔斯罗巴克公司（Sears, Roebuck and Co.）共计售出了 70000 ～ 75000 套房屋。

在有轨电车郊区的社区网格内建造的工匠平房是那个时代的首选社区发展策略，并因其易于建造、价格便宜和模式的可复制性而迅速在各地推广。简而言之，他们迅速实现了更广泛的社区发展计划。[15]

在许多方面，邮购房屋模式作为一种可推广的城市策略，可以被视为现今通过在线操作手册、指南、YouTube 视频传播开来的当代干预措施在全球传播模式的前身。像停车位公园日、椅子轰炸、开放街道、租赁式车位公园和其他公民发起的策略和具体实施方式，都可以在互联网上轻松获得，这是前几代人无法想象的。今天广受关注的航运集装箱建造也是从 20 世纪早期廉价、易于定制且建造简单的城市化项目中得到的启示。

世界博览会

为服务世界博览会等活动而建造的大型临时构筑物和纪念碑也是践行战术都市主义的大好机会。许多此类大型活动留下的建成遗产并不在它们的大规模开发中，而是它们留下的公共空间和具体建筑物，这些构成了巴黎、纽约、芝加哥，以及圣路易斯等城市今天城市肌理的一部分。

世界博览会的举办始于 1851 年，至今仍然盛行。它是由不同城市每隔几年举办一次的公共博览会，包含一系列展览馆、纪念馆和相关文化活动。博览会一般可持续 2 ～ 6 个月，主要是在东道国建造的大型临时构筑物组群内展示来自不同国家的文化、商业和技术产品。在互联网出现之前，世界博览会被其参与者视为在全球范围内传达文化、商业和技术信息的重要方式。

许多世博会场地成为政府自上而下进行城市开发的试验场。这是除奥运会之外，为数不多的允许政府在临时建筑和城市建设上花费巨额资金的案例之一。在通过短期行动创造长期变革的设计策略背景下，与战术都市主义有关的讨论不仅局限在展览本身，更在于快速完成事情的紧迫性，迫使这些快速建设的建筑、基础设施、公园和纪念景观带来持久的改善。

最著名的例子之一是埃菲尔铁塔，它于 1889 年为巴黎世界博览会而建，现在被公认为法国文化和巴黎城市生活的国际象征。其最初的设计建设目的仅是作为一个临时装置，来突出法国在金属铁应用方面的先进技术。像它一样持久不衰的类似地标构筑物还有西雅图的太空针塔（1962 年）和皇后区的宇宙球（1964 年）。

最具影响力的世界博览会之一是 1893 年在芝加哥举行的哥伦比亚世界博览会。该博览会于 1893 年开幕，以纪念克里斯托弗·哥伦布（Christopher Columbus）成功抵达新大陆 400 周年。博览会占地 600 多英亩（超过 2.4 平方公里），位于杰克逊公园（Jackson Park）和普莱桑斯中路（Midway Plaisance），由美国一些最伟大的规划师、建筑师和景观设计师设计，包括丹尼尔·伯纳姆、路易斯·沙利文、乔治·B.波斯特、理查德·莫里斯·亨特、弗雷德里克·劳·奥姆斯特德。在首席建筑师和规划师丹尼尔·伯纳姆心中，它代表着一座城市的宏伟原型。

大约有 200 座临时建筑采用美术学院派风格设计，由木材建造而成，上面覆盖着白色灰泥，代表着当时最先进的交流电灯泡一线排开，夜间来临时发出的耀眼光亮让这次博览会获得了"白色之城"的绰号。在展出的 6 个月时间里，超过 2700 万人参加了展会，这一数字仅次于巴黎的世界博览会，巴黎世博会的展览时间延长了整整 6 个月。一些人提议将这些建筑物永久化，遗憾的是 1894 年展览会场上的一场大火缩短了哥伦比亚世博会的展期。虽然大部分建筑物都被损毁，但对场地的许多物质性改造遗留了下来，其中最引人注目的便是重新设计和扩建的杰克逊公园。

有人写道，"'白色之城'将自己表现为一种代表，是一种公认的虚假。然而与蔓延在它大门外的混乱世界相比，这种虚假比所谓真实的看法更加真实。"[16] 它真正的价值不仅限于遗留下来的杰克逊公园，它对之后的建筑和城市规划领域都产生了长久的影响。可以肯定，这座临时城市的建设展现了规划师、景观设计师和建筑师如何共同工作、互相协调来构建公共生活环境的潜力，促进了城市美丽运动的发生和我们所知道的现代城市规划专业的诞生。"白色之城"促使世界各地的城市美化它们的街道和公共市政艺术，设计建设公共空间和公共建筑，是历史上最权威的示范项目之一。[17]

公共空间中的城市庆典活动

我们已经讨论过许多基于战术都市主义方法的大规模城市建设活动案例，包括网格结构、许多街道和建筑方面的案例。现在要把关注点转移到这些空间承载的涉及娱乐、艺术、公众参与及商业领域的规划设计上来。这些活动的发起者范围很广，从普通市民到社团组织，再到各级政府；内容包括对公共空间的激活以及兼具机动性的临时活动。[18]

圣地亚哥的巴尔博亚公园

世界博览会给主办城市带来长期影响的另一个显著例子是圣地亚哥的巴尔博亚公园（Balboa Park）。该公园建于1865年，在被选为1915年巴拿马－加利福尼亚博览会和1935年加利福尼亚太平洋国际博览会的举办地时得到了改进。在这些改进中可圈可点的应用包括连接公园与周围街道网络的卡布里洛桥（Cabrillo Bridge）、由弗兰克·劳埃德·赖特设计的许多正式花园和公共空间，以及今天仍然存在的数十座公共建筑和凉亭。

为迎接1915年巴拿马－加利福尼亚博览会的百年庆典，关于该公园改造的一份新的总体规划在2011年被重新起草。其中一项重要建议是要求将圣地亚哥博物馆前的巴拿马广场恢复为真正的步行广场。多年来，该广场被用作大型地面停车场，破坏了原本巨大的市政空间的核心价值。为了维持停车位供应，该计划要求在其他公园升级的基础上建造一个新的停车场。

面对政治和法律挑战，这个有争议的4500万美元的项目被一种更便宜的迭代方法取代，估计其成本仅约百分之一。停车场在短期看来并不十分重要，因此该市将地面涂成迷人的浅棕褐色，种植了一些花盆，并静待观察会发生什么变化。驾驶者仍然可以缓慢地穿过改造后的广场的一部分，但这个以前宏伟的公共空间的完整性几乎立即恢复了。该市前市长抓住了战术都市主义的精神，他当时表示："如果某个方案不起作用，城市建设可以尝试其他方法。"[a]

尽管最初，人们对参观公园和博物馆的人数和潜在影响存在一些质疑，但广场的改建带来了更多参观者，使提姆肯博物馆（Timken Museum）的参观人数再创纪录。根据城市规划者的说法，最终结果取得了巨大成功，随之居民要求对该空间进行更多规划。这座城市正在制定缩小规模的百年庆典计划，在广场周围安装新的照明装置，而永久性的重新设计则被最终搁置。

左上：巴拿马广场长期被用作地面停车场（Howard Blackson）

左下：在放弃了一个更为昂贵的长期规划后，圣地亚哥市将巴拿马广场变成了一个真正使用低成本材料的步行广场（Howard Blackson）

---

a. Lisa Halverstadt，"Inspiration for Plaza de Panama：Bryant Park，Zócalo and Red Square，" Voice of San Diego, July 29，2013，http://voiceofsandiego.org/2013/07/29/inspiration-for-plaza-de-panama bryant-park-zocalo-and-red-square/. See also Gene Cubbinson，"Parking Lot Removed in Plaza de Panama，" NBC San Diego，June 10，2013，http：//www.nbcsandiego. com/news/local/Parking-Lot-Removed-in-Plaza-de-Panama-Balboa-Park-210837961.html；Lauren Steussy，"Timeline：Plaza de Panama，" NBC San Diego，June 10，2013，http://www.nbcsandiego.com/news/politics/Timeline-Plaza-de-Panama-138954679. html.

游戏街区

街头市集和传统集市、市场、街区聚会和类似的临时活动已经为街道带来了数千年的生机。它证明了我们的街道既能丰富社会生活也可以具备有现实意义的经济效益。不幸的是，在 20 世纪初期，新兴的交通工程行业、汽车制造商、石油生产商和保险公司共同劫持了我们的街道，在街道上进行了一个世纪的无情驾驶。在汽车开始主宰城市街道的同时，我们还可以组织战术性干预将街道空间还原，即使只是暂时的。

在汽车时代的初期，拥挤的环境和城市公园空间的缺乏意味着街道是儿童的主要游戏场所和成人的主要社交场所。当汽车被引入城市街道后与之前的文化发生了冲突，并迅速导致儿童死亡人数和其他疾病的激增。纽约和伦敦等城市中心建造临时的游戏街道的想法应运而生——关闭几个街区以禁止汽车通行，使孩子们可以安心、安全地玩耍。此种策略得到警察部门的支持，以确保孩子们的安全。

1909 年，《纽约时报》报道了该市警察局长起草的一份规范交通的试点项目计划说明，以保障行人尤其是儿童的安全（与今天实行的试点项目相同）。纽约城市公园及游乐园协会协助设计了整个章程，目的是在放学时段通过禁止车辆在某些人流最密集的街区通行，来同时保障司机与行人的利益。这样孩子们就能够有一个可以玩耍的安全区，同时留出隔壁街区让车辆通行。[19]

新的试点方案将多种因素考虑进来，例如关闭街区是否会使商业受到冲击，街区内是否有大量的住宅和居民，以及街道的通勤和可达性是否会变得更加低效（每 5 分钟通过 38 辆马车或每小时通过 25 辆汽车被视为交通拥堵）。《纽约时报》写道：

> 尽管街区内使用沥青铺地且树木稀少的燥热环境无法给儿童提供一个舒适美观的游戏场地，但至少在放学时段禁止车辆通行保障了儿童安全且成本不高，并消除了儿童在附近街道嬉闹的现象。在拥挤的街区中，如果树木可以被种植在类似的经选择的街道里，那么，这种新交通管理方案的支持者认为，通过这种途径能够找到有效保障玩耍区域安全的可实践方法，并且花费很少。

确实，对街道的临时再利用被证明是一个十分快速和低成本的方法，它在维护邻里青年休闲及户外活动区域的同时也保证了街区内的充分社交生活。

参照早期成功的试点项目，纽约市警察体育联盟在 1914 年建立起"夏季

参照早期成功的试点项目，纽约市警察体育联盟在 1914 年建立起"夏季游戏街区"项目，项目包含了为儿童进行体育及文化活动而设立的无车监管区域（由纽约市档案馆、纽约警察与刑事诉讼馆藏提供）

游戏街区"项目，该项目包含了为儿童提供可以进行体育及文化活动的监管区。警察局局长亚瑟·伍兹（Arthur Woods）划出了曼哈顿 29 个城市街区，除周日外，每天下午都禁止车辆通行。1916 年，一个纽约市警官在接受《纽约时报》采访时为游戏街区辩护说："玩耍是儿童的天性，如果城市拒绝为儿童提供场地，那么他们就只能到街上去。"文章还讲到，游戏街区建立的目的就是希望通过让儿童远离街区来减少一些不法行为的诱惑，并且让儿童在合理的监管下健康玩耍。由于最初试点项目的成功与可测量性，在 1921 年之前，已有 25 个游戏街区在曼哈顿区建立起来，其他 50 个不久后出现在布鲁克林区、布朗克林区和皇后区。

　　尽管很受欢迎，但随着汽车使用及郊区化的增长，游戏街区项目却在包括纽约市在内的很多临近地区日趋废除。然而在今天，游戏街区项目又作为一个用来减轻车辆对城市所带来的负面影响的工具而再次出现。但是这一次，居住在附近的热心市民成了主导力量。在 20 世纪早期，紧随纽约建立起上百条游戏街区的英国，由市民主导的尝试引发了后来的政治变革。

　　例如，在 2011 年，英国布里斯托的一群担忧的家长制定了一项规则，要求在举办游戏街区派对的街区内禁止车辆通行，让他们的孩子能够安全玩耍。[20] 几个月内，布里斯托市议会就认同了其益处，并出台了一项新政策允许居民每周最多关闭街区 3 个小时来保障儿童玩耍安全。这一努力得到了卫生部门的拨款支持，并形成了由家长组成的社区代表所建立的名为"室外游戏"的全国宣传组织，为那些想要在自己的社区中建立游戏街区的家长们提供咨询帮助。[21] 两年后，布里斯托拥有了超过 40 条游戏街区，并且这个街区策略又一次蔓延到了英国的许多城市中。

在时任美国第一夫人马歇尔·奥巴马对"健康美国"运动的支持下，游戏街区作为一种鼓励锻炼身体与帮助对抗日益流行的儿童肥胖的有效措施投入使用（详见第 4 章关于纽约市最成功的由市民主导的游戏街区倡议的讨论）。

开放街区和社区改造

在最新的概念中，开放街区的主动性被视为游戏街区运动的扩大化。区别于街区派对、街道集会和其他类似活动，前文中提到的开放街道倡议，例如发生在哥伦比亚波哥大的"自行车日"倡议，允许居民暂时关闭街区，禁止车辆通行，用以进行散步、慢跑、骑行、跳舞等健康有趣的室外体育活动。多伦多"8—80 城市"活动执行董事及波哥大公园前专员吉尔·佩纳洛萨（Gil Peñalosa）说道："人流取代了汽车交通，街道变成了'铺砌的公园'，不同年龄、能力以及拥有不同社会、经济或者种族背景的人都可以出来，改善他们的心理、身体和情感健康。"

今天，许多北美洲开放街区的组织者从美洲中部和南部城市汲取灵感，例如哥伦比亚波哥大在 1974 年开创了如今著名的自行车日活动（Ciclovía）。然而，在波哥大开创自行车日活动之前，美国已有"西雅图周日骑行日"的传统，这是一个鼓励人们骑行的无车倡议，其路线连通着分布于 3 英里（约 4.8 公里）长的华盛顿湖大道沿线的公园。于 1965 年首次推出的周日骑行日比波哥大的倡议早了将近十年，并且成为北美洲最早的开放街区活动。西雅图的尝试迅速鼓舞了纽约（1966 年）、旧金山（1967 年），以及渥太华（1970 年）在其城市停车场和林荫大道举办的相似周日骑行日，这些改造活动一直到今天仍在进行。

一些北美的开放街区项目创建于行动主义存在的 20 世纪 60 ~ 70 年代，并一直持续到 2005 ~ 2006 年。但有超过 100 个开放街道倡议则是从 2006 年起分别在美国及加拿大开始发展。开放街区作为城市拓展的典型组成部分，无疑是一次有组织的尝试，它鼓励市民坚持进行体育锻炼，增强了社区群众参与度，同时建立了人们对选择非机动车出行的支持。这些特有的目标将开放街区与游戏街区区分开来，并且帮助其参与者以一种全新的视角来看待他们与社区之间的联系。

游戏街区与开放街区的出现展现了市民在使用城市开放空间的基础形式——

哥伦比亚波哥大于 1974 年设立了著名的自行车日活动，使某些街道暂时对机动车辆关闭。这些自行车道今天仍被使用（Pedro Felipe 摄，照片来源于维基百科）

街道上所发挥的重要作用。我们相信，积极支持引导人们以一种鼓励的态度对待这种街道规模的活动是现代治理与规划的首要任务之一。通过对政策及项目进展的采纳，市领导将能够利用有限的资源在全市范围内扩大自下而上的倡议。对于城市和人民来说，战术都市主义是当前可使用的首要工具。

邦妮·奥拉·舍克与停车位改造的诞生

有创意的街道临时改造在租赁式车位公园的演进发展中也有体现，如今，在你生活的城市中，微型公园正取代停车区域（详见第 4 章）。虽然这些小规模且季节性出现的公园被视为当代社会开辟公共区域的一种战术，但关于它的历史，则可追溯至邦妮·奥拉·舍克（Bonnie Ora Sherk）的成果，邦妮是一位以旧金山、纽约为背景进行创作的艺术家及景观建筑师。

20 世纪 70 年代初，邦妮·舍克在旧金山设立了一系列的艺术装置，并提供相关公共空间的分配及使用说明。与此同时，美国城市的公园正面临资金回收困难的严峻考验，一部分原因是人口外流到郊区导致的计税基础的减少。对于邦妮·舍克来说，她的创作动机是试图利用艺术去改变人们对公共区域的看法。"这是第一个利用表现艺术去探索如何改造城市的公共项目，"在西部村庄咖啡馆，邦妮·舍克边喝咖啡边说道。她最为著名的此类成果名为"便携建筑"，始建于 1970 年，并被视为全球城市中快闪公园和"停车位公园日"艺术装置的先驱。将停车设施转变为临时公园是邦妮·舍克在城市建设干预方面走出的非常有先见之明的一步，并在 35 年后广为流行。

邦妮·舍克的原创装置作品——便携建筑——显示了艺术家促进基础设施发展的潜力，但同时也表明了艺术总体在规划和实施进程中的缺失。

在旧金山艺术博物馆 1000 美元赠款的支持下，邦妮·舍克 4 天内在旧金山的 3 个地点设计并实施了一系列便携公园。这些装置位于高速公路入口匝道的顶部和下方，以及旧金山市中心的少女巷（Maiden Lane）。便携公园包括了一些异想天开的元素，例如（从城市动物园借来的）农场动物、棕榈树、厚厚的草皮和长凳，它们"具有现实生活中马格利特海市蜃楼的惊人影响"。[22] 作为有着抗议倾向的艺术装置，便携公园对城市发展的干预不仅具有超出时代的前瞻性，并且成为一次反抗实践的代表，促生了新兴湾区黑客文化以及个人电脑的兴起。

"邦妮·奥拉·舍克的第一件公共艺术作品通过以植物和动物为特色的便携公园形式的'田园示范'，暂时活跃了旧金山死气沉沉、机械化的城市空间，"负责人坦尼娅·津巴多说道。与今天的公共空间干预一样，舍克有责任为这些艺术装置寻找落脚处并且获得必要的相关许可证。她告诉我们："对于便携公园，我有必要处理某些已建立的系统，与他们沟通，并让他们相信工作的正确性。"当我们问到她是如何应对城市对其项目的回应时，舍克解释说因为这是一个在当时非同寻常的项目，因此没有对应的章程能够将其否决。她仅仅需要一个加利福尼亚运输部门颁发的入驻许可就能够将一个便携公园放置在高速公路的顶部和底部，这是一个在今天看来难以完成的任务。[23]

近来，公众对于包括便携公园在内的 20 世纪 70 年代城市空间干预措施再次生发的兴趣刚好与对新一代临时装置艺术家渐增的关注同时发生，这些艺术家通过融合环境保护主义与城市规划向公众演示临时公共艺术装置在基础设施改进上所起的促进作用。[24]

舍克的临时公园与这一部分中的其他实例一起充分说明了我们是如何使用城市的街道以及我们对开放空间的重视。下一个实例将论述（市民参与或商业用途的）小规模流动活动如何显著影响我们所使用的公共空间。

移动图书馆

从市政厅到市图书馆，以移动形式存在的公共服务贯穿整个历史。今天的移动图书馆以卡车、货车或公共汽车的形式出现，而过去的承载方式包括自行车、旅行车、驴车、骆驼、摩托车、船、直升机和火车。无论采用何种模式，每一个都依赖于自上而下的实体（市政当局、非营利组织，或者在某些情况下是富有的个人）运营，通过使用者或者市民自发组织管理。

移动图书馆最早出现于维多利亚时代的英国：在坎伯兰地区，慈善家乔治·摩尔创办了一个移动手推车图书馆，该图书馆在 8 个不同的城镇间穿梭，供人借阅及归还书籍。与维多利亚时代自我提升和社会流动的理想相一致，此案例被这个时代的一篇文章描述为"与移动图书馆相关的最佳实践"，以便其他人可以在"乡村人口中普及优秀的文学作品。"[25] 另一个早期的例子是在 1858 年，与英国沃灵顿机械研究所相关。该研究所组织了一个"巡回图书馆"，为支付少量费用的工人阶级男性提供订阅服务，以便为这些无法负担教育费用的人提供教育。在第一年，车马与书费共计 275 英镑，有超过 12000 本书被借阅出去。

在美国，移动图书馆的传统始于 19 世纪初。来自马里兰州华盛顿县的图书管理员玛丽·L. 蒂特科姆（Mary L.Titcomb）组织全县各地的邮局和零售店安装了 23 个小型图书馆。每一个"分站"都有 50 本可借阅的书籍，并且借出的书籍可以在任一个"分站"归还。紧随其后的是移动图书递送服务，即用马车把书籍从位于黑格斯敦（Hagertown）的马里兰公立图书馆运送到华盛顿县的每一个角落。蒂特科姆是这样描述这个场景的：

当第一辆运书马车安装好外面的书架和中间的储物箱后，它看起来就像是一个杂货铺送货马车与新英格兰旧时锡制小贩车的结合体。[26]

随着时间的推移，移动图书车成为全国大都市图书馆系统的常见组成部分，并扩大了城市中实体图书馆的覆盖范围，在这些城市，郊区和农村的扩张使得建造图书馆成本高昂。20 世纪 20 年代，迈阿密－戴德县的移动图书车投入使用，在市政服务赶上该地区的快速扩张之前，用来服务县城的偏远地区。

左：邦妮·奥拉·舍克，一个以旧金山和纽约为创作背景的艺术家和景观建筑师，20 世纪 70 年代早期在旧金山设置了一系列公共空间装置，并附带关于城市绿地缺失的解说（Bonnie Ora Sherk）

沃灵顿（Warrington）巡回图书馆，插图来自 1860 版《伦敦新闻画报》（公版，来源于维基共享资源）

20 世纪 20 年代，迈阿密－戴德县开始投入使用移动图书车，它在市政服务能够跟得上该县的快速发展之前被用来
服务于一些偏远地区，并长达几十年（迈阿密公共图书车，1954 年前后，迈阿密－戴德县公立图书馆系统提供）

移动图书站也在自然灾害发生后起到了很大作用。临近迈阿密－戴德县西部边界的西肯德尔（West Kendall）区图书馆在 1992 年安德鲁飓风袭击这片区域的时候仅成立了几个月。图书馆位于一个郊区商业街上并且被飓风完全摧毁。因几年内无法重建，一个移动图书车则代替它在 1992—1994 年为这片社区提供借阅服务，直到图书馆重建并对外营业。

如今，移动图书车也在同技术与文化偏好一起与时俱进，开始提供诸如 DVD 借阅和网络工作站服务。在田纳西的孟菲斯，移动图书车除提供平常的书籍借阅服务外，还承担了创造流动岗位和职业介绍中心的功能。与之类似的是，位于埃尔帕索的得克萨斯州公立图书馆将互联网技术带到了全国最贫困的几个县，在那里有三分之一的成年人是文盲。移动图书车允许读者进行职位搜索、填写工作申请、参加计算机培训课程，并试图通过这种方法为人民带来公平的教育和社会公共服务。

目前，已有超过 900 个移动图书站在美国各地投入使用，许多独立的（非市政图书馆）图书车的发展势头越来越猛，它们正提供着一系列更为丰富的文化服务。此外，一些更小型的免费图书站也正在全球城镇中慢慢出现，它作为一个微型且点对点式的图书馆，让人们能够更随意地借阅与归还。这些纳米图书馆甚至有一个网站来分享它的建造计划，内容类似于一个世纪前工匠产品目录上的制作说明，和现代网络上教你如何把运货底盘改造成家具的 DIY 动手指导。

市政府不是唯一使用移动图书车模式的机构，一个总部设立在布鲁克林的名为"艺术之家"的组织策划了全球合作的艺术项目，并使用移动图书站在全国各地宣传开展。"我们可以随时在街边停下与公众互动，让人们可以近距离参与这个项目，这也是我们当初策划这次活动的初衷。艺术之家意在通过像速写本项目（The Sketchbook Project）那样的活动来创建社区，而移动图书车则正是我们这一用意的具体呈现。我们可以把我们的收藏品送到你家门口！"[27]

如今，随着流动趋势加快，城市、文化和商业服务正在进一步多元化。例如，在包括纽约、洛杉矶、亚特兰大在内的美国不计其数的城市街头，都可寻见艺术品销售商和时尚卡车的踪影。波士顿市政部门发起了"移动市政厅"活动，用一个经改造的特警队卡车逐个街区提供市政服务。据《波士顿环球报》中的一篇文章描述，移动市政厅能够让市民享受"缴纳和申诉违规停车罚款；缴纳财产税；登记投票；开具出生、婚姻、死亡证明及其他一系列服务"。[28]

这种通过将服务带到市民身边，而非要求他们去一个不方便到达的特定地点寻求服务的方式不断拓展着政府服务能力的边界。除提供日常服务外，移动市政厅几乎总在努力解决社区民众的其他需求：因为它们可以在短时间内将多种政

波士顿开发了"移动市政厅"，用一个改造过的特警队卡车逐个街区提供市政服务（由波士顿市政厅提供）

府服务带到这些未能充分利用资源的地区。[29]同样，不论是"沿街书报亭"（les bouquinistes）项目还是经过长达一个世纪演变的现代餐车服务，都是一种自下而上的商业活动，它们为城市提供了社会文化效益，也为野心勃勃的商人提供了经济机遇。

沿街书报亭

　　如果你去过巴黎，可能已经注意到塞纳河的堤岸上数百个绿色的木箱。在一天中的不同时间，各种各样的杂志、书籍、报纸、明信片等会从盒子里溢出，成为当代巴黎的标志性场景之一。大多数游客不知道的是，这些沿街书报亭自16世纪初一直在兜售各种畅销书。他们延续着500年来的商业模式，现在由巴黎市监管和制度化。然而，刚开始的情况并非如此顺利。

　　沿街书报亭的商贩最开始在塞纳河沿岸用独轮车出售书籍，后来扩展到城市周遭的许多桥梁之上。随着生意变好，手推车被用皮带固定在石砌堤岸上的绿色货箱取代。他们早期取得的商业成功并没有被忽视。在1557年，市政府因沿街书报亭在宗教战争期间售卖政府禁止的新教宣传册而将这些商贩归为盗贼。[30]

　　尽管广受好评，但由于沿街书报亭在17世纪占据了城市周围的许多桥梁，包括其中最负盛名的新桥，这导致它与附近的老牌商人发生利益冲突，并经常被

左：小型免费借阅箱（Jak Krumholtz）

赶出该地区。与当今抵制移动餐车的实体餐厅的情况类似，书店老板的抱怨声使临时书报亭在 1649 年被取缔。然而，这些坚持不懈的商贩并没有被吓倒。

法国大革命（1789—1799 年）之后，许多法国贵族和神职人员的私人图书馆被沿街书报亭抢占并将其民主化，反而使这些图书馆比以往任何时候都更受欢迎。[31] 尽管它们的受欢迎程度再次引起了书店老板们的嫉妒，但这座城市最终在 19 世纪 50 年代将其合法化。新规定将沿街书报亭限制在特定的地点，营业时间限制在书店关门的周日或节假日，并规定每个书报亭必须在一天营业结束时收归成一个盒子；沿街书报亭的经营模式被规范为一种快闪模式。

到 19 世纪初，店主们被允许将盒子永久固定在河岸上。到 1930 年，盒子的尺寸和颁发的许可证数量都被标准化了。沿街书报亭从非法经营，到获得审核认可并标准化的缓慢历史进程说明：尽管市政政治发生了巨大改变，历经考验的成功模式将最终生存下来并蓬勃发展。

沿街书报亭的胜利也可能归因于它们占据的独特位置和外观，以及经营的一致性。事实上，它们参与到城市社会、经济和物质组成之中，并成为人们日常生活的一部分。它们说明了作为城市基本功能之一的商业是如何帮助激活公共空间的。今天的书商不但被免除缴纳财产税，而且由巴黎市政府提供塞纳河边的空间供其免费使用。超过 240 家正规沿街书报亭和需排队 8 年的开店候补名单印证了其充分的商业潜能。此外，自 1992 年以来，这些绿色小盒子已成为联合国教育、科学及文化组织（UNESCO）为塞纳河指定的世界遗产，变为我们目前所知发展最缓慢的，却最受人赞赏的战术都市主义实践之一。[32]

移动餐车

当代最流行的商业模式和公共空间激活功能的策略之一就是移动餐车。他们在美国的历史要从 19 世纪初的西部马拉货车说起，直到现在拥有千万推特粉丝的现代网红美食卡车，不容忽视。与最初的移动书商模式相似，移动食品供应商具有明显的优势，即能够定位需求且找到商业机会最大的地方。街头食品已经存在了数千年，并且仍然是城市最基本的自下而上的创业活动。早在古希腊、古罗马和古代中国文明中就有关于使用动物拉动餐车提供服务的记录。此后，在 17 世纪末期的新阿姆斯特丹（今天的纽约市）的市政记录里也有食品车受到监管的记载。

然而，现代版的移动餐车可以追溯到 19 世纪 60 年代，当时一位名叫查尔斯·古德奈特（Charles Goodnight）的得克萨斯州游骑兵推出了一种有顶篷的货车服务，车上载有牧民在美国西部偏远地区放牛时的基本必需品，一次上路行程

自 16 世纪初以来，移动书摊就一直在巴黎的塞纳河上售卖各种阅读材料（Photo by Keystone-France/Gamma-Keystone via Getty Images，拍摄时间约为 1900 年）

在敞篷马拉货车前吃饭的牛仔们，约拍摄于 1880—1910 年（公版，通过国会图书馆访问）

数月，在人烟稀少的地方停留并出售商品。牧民们更需要易于保存的食物，如咖啡、玉米面、干豆和咸肉。卡车还包括桌子、器具、香料、急救用品和用于引火的工具和吊索等物品，让牧民可以烹饪食物。小货车还为游牧的牧民提供了社交场所，他们没有其他的物质场所来满足下班后聚在一起的需求，这些小货车为牧民们提供了一个聚集和形成社交社区的场所。

小货车灵活的机制，为那些在偏远地区工作或旅行时需要方便食品和供给的人提供了服务。城市地区移动餐车的兴起利用了类似的原理，尽管背景完全不同。19 世纪 70 年代的城市地区几乎不存在深夜就餐的选择。罗德岛普罗维登斯（Providence，Rhode Island）的新闻记者沃尔特·斯科特（Walter Scott）看到了这个市场空白，开发了一种可以容纳餐厅的货车。被称为"第一家带轮子的餐厅"的马拉餐厅停驻在《普罗维登斯日报》办公室外，向夜班工人和附近绅士俱乐部的顾客（或从黄昏到黎明路过这里的任何人）出售准备好的食物。[33]

与小货车一样，斯科特的小餐馆也被认为是现代移动餐车的前身，是美国第一家移动式小餐馆，是席卷美国大部分地区的工作日午餐车和小餐馆运动的催化剂。毫不奇怪，其他午餐车和深夜晚餐车开始陆续出现，包括密歇根州格林菲尔德（Greenfield）的亨利福特夜猫头鹰午餐车[34] 和普罗维登斯的避风港兄弟餐车（Haven Brothers），后者的历史可以追溯到 1888 年，今天仍然可以看到它在肯尼

如今罗德岛普罗维登斯市的避风港兄弟餐车（Mike Lydon）

迪广场为顾客提供服务。[35]

我们今天都知道和喜爱的那种装有橡胶轮胎、耗油的移动卡车餐车起源于20世纪初期，并很快取代了大多数马拉货车。1900—1960年，移动餐车成为美国城市和郊区的固定设备，从熟悉的好幽默冰淇淋车、奥斯卡·迈耶"维也纳摩托"到鲜为人知的新奥尔良的移动热华夫饼车。移动餐车的日益普及也类似于沿街书报亭的发展过程，同样受到与之竞争的餐馆老板的敌视，以及不知道如何监管的市政府的剑拔弩张。

市政府致力于规范和控制移动餐车和移动食品现象的增长。19世纪90年代，洛杉矶的官员起初试图禁止移动餐车服务，结果却发现它们的受欢迎程度只增不减，这促使这座城市很快改变了管理方式，对其进行了更严格的规定，而不是直接禁止，因为它们在酒吧关闭时吸引了深夜狂欢者。《洛杉矶时报》的一篇文章描述了这座城市繁华的街头美食在外人眼中的样子："来到洛杉矶的陌生人对有如此多的户外餐厅表示惊叹，并惊叹于允许其在公共街道上设立营业场所……还能与附近街道支付高额租金的商人竞争。"[36]

随着美国烹饪菜品种类的增多，各种各样的移动餐车提供的菜品也随之增加。在洛杉矶，墨西哥移民从19世纪末期开始将他们的传统烹饪方法带到加利福尼亚。由于缺乏资金和资源支持，他们选择了成本更低、就业更灵活的移动版实体餐厅。

尽管历史上许多城市移动餐车都在洛杉矶供应过墨西哥美食，但该市的炸玉米饼餐车生态系统之父劳尔·马丁内斯（Raul Martinez）被认为是最佳成功典范。1974 年，马丁内斯将一辆冰淇淋车改装成墨西哥卷饼车，并将其停靠在东洛杉矶的一家酒吧外。他只用了 6 个月就成功建立了他的第一家墨西哥卷饼王餐厅。到 1987 年，他建立了一个销售额达 1000 万美元的迷你餐厅帝国，此外还有 3 辆 40 英尺（约 12 米）高的炸玉米饼卡车和 10 个炸玉米饼摊位，帮助他进入洛杉矶以外的市场。[37]

墨西哥卷饼王餐厅再次展示了战术都市主义如何既作为经济发展引擎，又充当为城市规划和场所营造提供范式的作用。移动餐车的低启动成本为企业家能够在市场上成功起步奠定了基础，使他们能够在扩大客户群的同时减轻传统餐馆业务的高运营压力和正规监管的负担。这一情形在经济衰退后期出现的移动餐车热潮中也得到了充分体现，最近失业的厨师和经营失败的餐馆老板们在移动餐车业务中找到了市场，并通过推特迅速获得关注且获得客户。就像几十年前劳尔·马丁内斯所做的那样，他们在这一低门槛业务中的成功为其积累了资金并获得在经济好转后进入实体业务的机会。[38] 具有讽刺意味的是，大衰退的经济大潮也见证了这一趋势的逆转：实体餐厅向移动餐饮行业扩张，以此刺激其疲软的销售并在不投入大量基础设施成本的情况下拓展商业网络。

管理移动餐车的市政条例没有像管理实体餐馆那么繁琐，但移动餐车仍面临监管压力：法规试图消除其与实体餐厅的同质竞争，在当代还面临有关城市公共卫生的要求。其中一些规定是必要的，但其他规定是上一个快速消失时代的残余。例如，在芝加哥，移动餐车不得停在距离餐厅 200 英尺（约 61 米）的范围内或在特定地点停留超过 2 小时。[39] 如今，全国各地的移动餐车协会都在积极努力废除这种不合时宜的规定，它使移动售卖变得困难。这个例子再次体现了当政府监管难以跟上不断变化的趋势和文化偏好时所产生的紧张关系。

长期以来，移动餐车一直给人们提供着一种不可替代的物美价廉的选择：冰淇淋卡车为不会开车的儿童提供服务，而便利店则在所有其他店都关门时为午夜人群提供服务。除了这些基本需求之外，他们创造社交活动，吸引人们驻足、停留、聚集，激活原本奄奄一息的城市空间。从马拉货车售卖时代到今天的移动餐车，人们都期待看到并参与到人群聚集的空间中。当公共场所因缺乏促进人们活动的必要框架而失败时，移动餐车提供了使它们恢复生机的火花，即使每天只有短短几个小时。[40]

佛罗里达州滨海城：战术（新）都市主义

从市民建设和维护第一条城市街道到沿街书报亭项目的胜利，战术都市主义以其低成本、兼具移动性和临时性，大胆尝试（实践未经批准的实验项目）应对当今问题，无论在宏观上还是微观上都收效甚广，极具传播力和影响力。正如最后一个案例所示，当好的计划和合理的形式结合在一起时，可以创造出精彩的空间实践。

新城市主义首先在佛罗里达州狭长地带的农村灌木松林进行实验，它对现代主义规划理论和实践提出批评，并且将其原则转化为一种可行的第二套方案，以替代具体管理郊区蔓延的联邦、州和地方法规的自上而下的组合（详见第3章）。20世纪80年代初期，与近一个世纪前"白色之城"验证城市美化理论的方式大致相同，紧凑型步行城市主义理论和实践首次在滨海城（Seaside）进行测试。这个占地80英亩（约32公顷）的社区由展示新城市主义原则的临时结构和规划孵化而成。实际上，小镇创始人罗伯特·戴维斯（Robert Davis）和达里尔·戴维斯（Daryl Davis）避开了快速发展的现代实践，取而代之推行以缓慢、分阶段的方式来开发滨海城。此举符合海滩生活方式，体现了开发商如何利用战术都市主义来促进长期发展，有利于偏远地区的发展。正如罗伯特·戴维斯所说："滨海城将因此缓慢发展，一次建设一条街道。"

戴维斯夫妇已经为他们理想中的城镇制定了一个伟大的概念规划，飞速的发展使他们可以在先于总体规划的概念阶段提前测试市场。他们最初建造了一个海滩凉亭和两座房屋用作销售样板间，其中一个也是他们的住宅。"在1981年，达里尔的建议是停止在佛罗里达州西北部设计完美的乡土海滩小屋，转而建造一两个看起来相当不错的房子。就像实践性建筑一样，一个能随着时间的推移'实践'发展、精炼、改进的建筑。"对可迭代过程的使用再一次成为战术都市主义的关键：建造、测量、习得、重复。

以类似的方式，戴维斯夫妇还依靠在他们刚起步的社区内开展的规划来激发人们的兴趣并吸引他们加入社区。达里尔会在城镇广场的即兴电影之夜架设放映机。滨海城的商业核心最初是一个帆布帐篷下的露天市场，早在任何永久性建筑物建成之前，人们就在那里出售水果和蔬菜、手工艺品和二手旧物，其方式类似于伦敦、费城或前面提到的其他临时定居点的商业雏形。

达里尔·戴维斯后来说："我们的周六市场变成了商店和餐馆，我们的活动成为主要的景点。这一切都始于一些独创性活动、对更好生活方式的梦想，以及一个小蔬菜摊。我不能说我们计划这样做，也不能说我们没有。我们都对在滨海

滨海城的周六市场，约拍摄于 1982 年（由滨海城档案馆和美国圣母大学滨海城研究网站 seaside.library.nd.edu 提供）

城开展活动非常感兴趣，从最初的尝试社区建设开始，零售企业慢慢起步并随后蓬勃发展。"[41]

　　滨海城是新城市主义的经典案例，它在起步阶段就使用了战术都市主义。新城市主义主要关注政策和物质形式的交集作为发展更健康的经济、环境和民众的先决要素，而战术都市主义则将程序和形式元素添加到新的和现有物质空间的使用中并适应它。[42] 启示是仅仅定义和设计美好的公共空间是不够的，使用形式和生活程序还需进一步设计和激发；如果没有在公共空间进行的规划和活动——日常生活的具体活动，就不可能有城市生活。

左上：布鲁克林邓波（DUMBO）社区的一块未被充分利用的空地（Mike Lydon）
左下：从 2013 年开始，同一块空地被移动餐车项目每周"激活"5 次（Mike Lydon）

下一代美国城市和战术都市主义的崛起

虽然我们还没有意识到这一点，但我们的社会正处于一场变革的风口浪尖。这一变革就像古雅典人决定通过选举产生领导人而不是君权神授时所带来的社会变革一样巨大。我们拥有极好的机遇来重新想象我们想要生活的社会，并将其变成现实。

——尼科·梅尔（Nicco Mele），《大的终结》（*The End of Big*）

最近北美战术都市主义的兴起是基于四大趋势和事件：人们迁居回城市、经济大衰退、互联网的迅速崛起，以及政府和市民之间的日益脱离。综合起来，他们暴露了城市不仅需要改革工作方式，还需要改变原本应该开展的工作类型。城市已经开始根据这些需求做出一些回应，这也使得"下一代美国城市"的变革变得明朗起来。

重新唤起对城市的爱

城市自产生以来就是人类文明的中心，并且这种趋势越发明显。100 年前，世界上五分之一的人口住在城市。到 2010 年，全球有超过一半的人口住在城市，预计到 2050 年这一比例将增至 70%。[1] 尽管这些数字令人印象深刻，但它们并没有说明全部情况，因为向城市生活的转变一直伴随着全球人口的指数级增长。全球城市化的规模和速度都急需快速、低成本和高影响力的城市改善，尤其是在资源长期紧缺的地区。

美国有超过 80% 的人口住在大都市地区，这个词在广义上分为远郊、近郊和人们所依赖的市中心。我们的核心城市被一圈圈的郊区包围着，有些城市有自己的商业节点和不同优势的商业中心。有一些郊区正变得越来越像个核心城市：人口密集、适合步行并提供交通服务。另一些郊区则无意发展这些城市特征，他们可以被视为郊区形式的忠实拥护者。

左：俄勒冈州波特兰市中心覆盖地面停车场的移动餐车（Brett Milligan，Free Association Design）

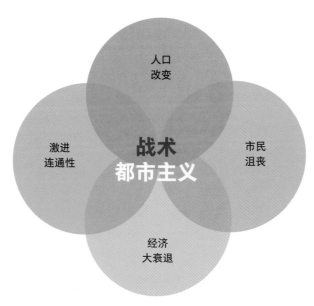

四种相互交叠的趋势和事件增加了战术都市主义干预措施的使用（街道计划协作社）

如今，步行、自行车和交通友好社区主要吸引两大人口群体："千禧一代"（出生于 1984—1995 年，通常被称为"Y 一代"）和第二次世界大战后出生的一代人（通常被称为"婴儿潮一代"）。两者都聚集在商业、文化和娱乐设施触手可及的地方。

这是一个很严重的问题。8000 万千禧一代——美国历史上数量最多的一代人——渴望不同的生活方式，正在对我们的城市空间布局产生重大影响。千禧一代的人结婚与成家的时间比之前的几代人要晚许多，更倾向于自由职业，更多的人选择自主创业，而且通常被城市环境所吸引，能够实现无车或少开车的生活方式。2012 年，《大西洋月刊》上的一篇文章进一步探讨了这种趋势并指出："自第二次世界大战以来，新型汽车和郊区住宅为经济提供了动力，并推动了经济复苏。千禧一代可能对这两者都失去了兴趣。"[2]

这些青壮年正搬到交通工具种类丰富的城市生活，与前几代人相比，他们拥有驾照的比例降低了 30%。这一趋势也反映在私家车保有率上，自 1980 年以来，千禧一代的私家车拥有率下降了三分之一。

这些趋势对我们的驾驶习惯产生了明显影响。密歇根大学正在进行的一项名为"美国的机动化达到顶峰了吗？"的研究，揭示了并不只是千禧一代对驾驶不太感兴趣。研究显示，美国的人均汽车驾驶率实际上在 2004 年就达到了顶峰，比经济大衰退还早了几年。这项研究和其他类似的研究认为，虽然现在判断还为时过早，但车辆行驶里程、汽车购买量和汽油消费会持续减少。[3]

名为"布鲁克林之爱"的建筑（Mike Lydon）

　　早期证据表明，大多数年轻人更喜欢住在适合步行的城市地区，或者至少搬到较早修建的适合步行的郊区，而不是那些住房较便宜但出行更昂贵的地区（一个典型的郊区家庭，其四分之一的经济预算用于交通）。[4]

　　这些变动在很多方面都令人激动，但这也持续暴露出现有的城市和我们理想中的城市有些脱节。事实上，许多美国城市正在新的框架下工作，包括哲学方法、（政府）规则结构、公共参与过程和基础设施项目，这些都是为了应对新时代的人口、经济和社会文化趋势。

　　更具体一些，城市的分区法规和土地使用条例仍然倾向于低密度的增长模式，偏向单一的交通方式——汽车。数十本书籍、研究和规划反复指出，从罗斯福时代起，数十亿美元被用于各种联邦公路和运输法案上，而这也是导致郊区蔓延的主要因素之一。这也许是真的，但是通过健康、功能齐全的城市社区，采用自上而下、缺乏公民参与的方式来建设（美国的）州际系统，这对美国城市的危害远比郊区蔓延大得多。

　　当然，多年以来已经创建了一些有用的监管补丁和工具：叠加区划地区、绩效区划、规划单元开发、地方级的形式准则，以及标志性的《陆上综合运输效率化法案》和联邦政府的"愿景 VI"公共住宅计划。这些要求改善现状的呼吁经

伊萨卡（Ithaca）市长斯文特·迈里克（系着领带）属于千禧一代，并且没有车，步行去上班。他把先前的市政厅停车区域变成了一个行人休息空间，并且把标语改为"请为市长和他的朋友们留着"（Svante Myrick/Facebook）

常被嫁接到一个破碎的、濒临破产的体系上。这个体系不是为了今天的挑战和机遇而设计的，更不用说未来将面临的那些挑战和机遇了。由于项目实施系统仍然迫切需要更新，我们很好奇谁将站出来迎接挑战。

继续走这条道路的城市将会发现，很难在地区、国家间甚至国际上展开竞争。现如今 80% 的美国人生活在城市化地区，克服这个显而易见的挑战需要一种不同的方法来建设和管理美国城市。[5]

对许多人来说，20 世纪 80 年代新城市主义的到来是规划进步的灯塔。新城市主义是由一小群建筑师发起的，他们认为传统的紧凑型、可步行的城市主义能解决郊区蔓延给美国城市带来的负面影响。到 1996 年，27 个核心原则的清晰表述——从建筑尺度到地域规模——有意避开了郊区实验，并给出了一个明确的替代方案——可步行的城市生活。这个愿景是如此的引人注目，以至于建筑评论家赫伯特·穆尚（Herbert Muschamp）在 1996 年于《纽约时报》发文称新城市主义是"后冷战时期美国建筑中出现的最重要的现象"。[6]

新城市主义否定了现代主义的非历史性，并嘲笑它的观点，即城市只从汽车或飞机上观赏和体验就可以，建筑是独立的物体，不需要与文化背景和周边环境相联系。新城市主义的早期胜利在于扭转了学术和专业性的方向，指出大规模郊区化并不是人类栖居的唯一模式。

　　25 年之后，学者、房地产开发商和作家克里斯托弗·莱因伯格（Christopher Leinberger）的影响深远的著作《城市主义的选择》关注了当前日益增长的城市生活需求，这与新城市主义和精明增长（Smart Growth）运动所倡导的思想相一致。莱因伯格和其他许多学者都认为，郊区蔓延相比其他发展模式更需要由美国纳税人讲行大力补贴；郊区蔓延是一种金融模式，尽管表面上看起来经济实惠，但它会持续加重个体家庭和联邦政府的负担。城市学家和改革家查尔斯·马罗恩（Charles Marohn）揭露了这些问题，他将郊区的发展过程称为庞氏骗局（空手套白狼），认为这个过程只能通过郊区的持续增长才能维持。

许多城市高速公路在建设时破坏了正常的社区。图中展示的是洛杉矶的阿罗约·塞科公路和 101 号高速公路的交汇处（公版，来源于维基共享资源）

尽管新城市主义的拥护者和精明增长运动以及他们的许多"盟友"取得了巨大进展，但是最近的全国房地产繁荣——在 2007 年的经济大衰退之前达到顶峰——反映了相同的传统低密度发展模式。在这些背景下，战术都市主义将通过本书中描述的各种移动的或临时的服务和便利设施发挥越来越重要的作用。

今天，我们面临着郊区模式的遗留问题，以及使城市和郊区变得更宜居和可持续的有用工具，包括精明增长、针对社区发展的能源与环境设计先导（LEED-ND）、新城市主义、低影响开发、精明准则和蔓延修复。

当然，郊区之间的发展是不均衡的，而且这些工具也不可能是全面的。一个趋势非常明显：未来的郊区将与今天的有所不同，因为 20 世纪 80 年代和 90 年代在那里长大的孩子们对回归郊区不感兴趣，没有其他原因。

尽管郊区和城市人口结构的持续转变很有趣，更值得注意的是，虽然大量的政府政策使这种转变变得更加困难，但这种转变仍在发生。过时的政府政策与对基础设施和城市便利设施的需求之间日益增长的鸿沟，是战术都市主义崛起的一个重要驱动力。这是最好的时机，正如下一节将要讨论的，经济大衰退迫使几乎每个人都要用更少的钱做更多的事。

经济大衰退和新兴经济

新世纪给美国富人带来了前所未有的财富和成功。然而，这对其他人而言只是一种泡影。2007 年房地产泡沫的破灭和随之而来的金融大衰退使美国家庭的平均资产降到了自 1989 年以来的最低值。[7] 无尽的经济增长和以不断增加的税基来为新的公共设施和基础设施提供资金的想法很快就被搁置了。研究还表明，适宜步行的高密度地区比那些以汽车为中心的低密度地区更受到人们的青睐。

用托尼·施瓦兹（Tony Schwartz）的话来说，"自工业革命以来，市场经济的'更多、更大、更快'的精神是基于一个具有误导性的虚构假设，即我们的资源是无限的。"[8] 人们只需要比较经济大衰退前后的州政府和地方政府的预算和所提供的服务，就可以看出现行模式是多么错误。从 21 世纪初直到 2007 年经济大衰退，市政府开支以每年 1 亿美元的速度增长。激增的支出在很大程度上来自郊区蔓延所需的市政服务的迅速扩张。根据田纳西州孟菲斯市市长创新交付团队的项目经理汤米·帕塞洛（Tommy Pacello）所说，在 1970—2010 年，他所在市的土地面积增长了 55%，而人口只增长了 4%。我们不是经济学家，但这对任何一个大城市来说都不是一种经济可持续发展的方法。

在经济大衰退时期，适宜步行的地区的房价比那些以汽车为中心的地区的房价更容易保值，并且在 2012 年，这些住房比郊区的住房增值速度更快。[9] 在 2013 年出版的《郊区的终结》一书中，莉·加拉格尔（Leigh Gallagher）指出，那些可以借助除汽车以外其他交通工具到达周边的地方，其房地产价值正在迅速上升。加拉格尔解释说，从西雅图到哥伦布市，从丹佛到纽约，随着住房偏好继续向紧凑型、适合步行的社区转移，城市核心区的房地产估值急剧上升。像西雅图的国会山和哥伦布市的短北（Short North）社区等地方，其房价几十年来一直低于较新的城市边缘区开发项目，现在却超过了郊区的房价，依照趋势，这一速度还会加快。[10] 事实上，在 2010—2011 年的 12 个月里，大多数北美核心城市的住房增长自 20 世纪 20 年代以来首次超过了郊区。[11] 精明的开发商也注意到了这一点，如大型郊区建筑商托尔兄弟（Toll Brothers）开发了城市项目，而这也成为他们在一些市场上最为稳健的项目之一。那么，如何解释这种突如其来的反转呢？

部分原因在于，在郊区边缘的廉价土地上建造廉价住宅的经济合理性正在减弱。这种"开车到符合你身份的地方买房"的心态与大多数美国人是契合的，但当交通成本与住房成本持平甚至超过住房成本时，这种理念就不再有意义。社区技术中心和住房政策中心在 2012 年联合发布的一份报告证明了这一点。该报告发现，在 21 世纪初，住房和交通成本的上涨速度比收入的增长速度快了 1.75%，这让本就紧张的预算捉襟见肘。这一发现适用于美国 25 个最大的大都市圈，尽管这些大都市之间略有差异。

艾伦·贝鲁比（Alan Berube）和伊丽莎白·尼伯恩（Elizabeth Kneebone）都是布鲁金斯学会（Brookings Institute）的研究员，也是《应对美国郊区贫困》（*Confronting Suburban Poverty*）的合著者。他们发现在美国，贫困长期以来与农村和城市地区高度联系在一起，如今已经转移到了郊区。[12]2000—2011 年的人口普查数据显示，生活在贫困线以下的人口在城市中增加了 29%，而在郊区则增加了 64%。目前，更多的贫困人口住在郊区（1640 万人）而不是美国的核心城市中（1340 万人）。[13] 在《大反转》（*Great Inversion*）中，艾伦·埃伦霍特（Alan Ehrenhalt）指出，就全美而言，财富从郊区到城市的转向开始反映出欧洲城市的空间分布特征，在那里低收入人群更多地集中在市郊。

对许多美国城市的税收来说，这是一个积极的经济逆转，但也预示着整个大都市地区将面临各种各样新的挑战。那些资源较少的人群搬到市中心以外的地方居住，这意味着就业机会、社会服务和低成本交通更加难以获得，并可能进一步扩大贫富差距。随着家庭一半的预算用于住房和交通，郊区蔓延所暗含的隐性成

在经济大衰退期间，偏远的郊区受到的打击比城市中心更严重（版权所有：Alex S. MacLean/Landslides Aerial Photography）

本变得越来越明显。在最令人向往的大都市地区，如纽约或旧金山，要解决住房危机，需要一种区域性的解决方式，但这似乎难以实现。

忽略城市地区房屋升值或是持平的原因，近十年来，住房和交通的花销平均占据了家庭收入中位数的48%。[14] 正是出于这个原因，也包括其他原因，千禧一代和其他人群放弃了那些需要花费40分钟通勤的地方，转而选择了不仅可以提供像自行车、公共汽车等低成本交通工具，还可以在步行范围内拥有更多便利设施的社区。这一概念就是社区技术中心所说的整体可负担能力（total affordability），尽管房价更高，但它有利于城市地区。如果搬到一个适宜步行的社区有助于家庭实现整体负担能力，那么对于城市而言，答案是什么呢？

自经济大衰退以来，市政预算一直停滞不前（或逐渐减少），而对社会服务、资源、基础设施和交通的需求却在不断增长。因此，地方政府被迫重新考虑传统的预算程序，并在许多情况下实施了一系列节省成本的措施，包括停止招聘、减薪、裁员、强制休假、鼓励提前退休以及收购。这种工作降格（downshift）导致人力资源紧张，项目被推迟或取消，市政服务和基础设施维修也被削减。[15] 然而，税收收入下降并没有减轻市政府提供更好服务的压力；相反，它增加了这些压力。在经济衰退时期，人们更依赖州政府和市政府提供社会安全网服务。[16]

这些因素的共同作用为战术都市主义的兴起创造了条件，至少因为它适用于社区规模的项目。在这些项目中，市民自己着手解决问题，这使得政府不得不调整他们的行为，以适应低成本和更灵活的项目实施方法。用研究人员凯伦·托雷森（Karen Thoreson）和詹姆斯·斯瓦拉（James H. Svara）的话来说，"地方政府不得不重新考虑他们为人民做事的方法。"[17]

幸运的是，正如接下来要讨论的，经济大衰退和正在加速进行的以网络和移动通讯为基础的专门为公民而做出的调整不谋而合。

入侵城市

文化入侵，生活入侵，宜家入侵。你是否注意到，"入侵"（hack，黑客）这个词现在被用于描述任何一种创造性追求，用于弥补当代生活的明显缺陷。其实，这个词起源于20世纪60年代末和70年代的电脑文化（电脑黑客）。作为这一运动的早期观察者（和参与者）之一，罗伯特·斯托尔曼（Robert Stallman）表示电脑黑客"向来蔑视管理者强加的愚蠢规则，所以他们另辟蹊径"。[18]如今，"入侵"并不只是关于终极目标，而是关于完成某件事情的方式；它是关于在传统方法以外找到新方法来取得最终结果，通常是通过开放的渠道、高度分散的结构或方法。这是我们为战术都市主义的自制精神所做出的最好解释。战术都市主义是市民和政府"入侵"城市的一种方式。

正如第2章中所描述的，将"入侵"与城市规划相联系的想法已经酝酿了数十年，并且在20世纪70年代居住于旧金山的邦妮·奥拉·舍克（Bonnie Ora Sherk）这样的先驱者的作品中被发现。这些理念和战术都市主义一词之间的联系首先在景观设计师布莱恩·戴维斯（Brian Davis）在《范斯兰克》杂志（*faslanyc*）博客上的一篇文章中提出，他描述了纽约市的"百老汇绿光"项目。戴维斯将百老汇的快速变化称为"廉价的入侵，战术性的干预产生了巨大的效果"。[19]这种描述明确了这样一种观点：战术都市主义的灵感在很大程度上归功于黑客文化和数字技术在现代生活中的不断渗透。

在其著作《大的终结：互联网如何使戴维成为新的哥利亚》（*The End of Big: How the Internet Makes David the New Goliath*）中，尼科·梅尔（Nicco Mele）解释了数字化工具对一些最大的文化机构所产生的积极和消极的影响。他将掌上数字技术的广泛普及和互联网接入称为"激进连通性"。梅尔认为，"大政府""大教育"和"大新闻"都被信息网络的民主化效应破坏并被永远改变了。多亏了大量的软件、硬件和基于网络的应用程序，人们不再需要依赖那些曾经令人仰慕的机构。

> 《大的终结》的观点与我们在城市规划领域中见证的转变密切
> 相关，即人口结构发生了变化，如人口大量反向迁移，伴随着
> 激进的连通性，改变了"大政府"的主要功效和角色——"大
> 规划"。

"激进的连通性是指将权力从政府机构转移到个人身上。如果你在 20 世纪 70 年代初问一个人电脑是什么，那么他想到的是一个可以装满整间屋子或者办公室的设备。如今，1.3 亿美国人随身携带智能手机，其计算能力与 1974 年的电脑相同或更强，"梅尔说道。[20]

《大的终结》的观点与我们在城市规划领域中见证的转变密切相关，即人口结构发生了变化，如人口大量反向迁移，伴随着激进的连通性，改变了"大政府"的主要功效和角色——"大规划"。

大政府所发生的变化已经在工作场所悄然发生。在 2012 年的一项调查中，80% 的员工证实他们的公司有灵活的工作安排，包括远程办公和缩减每周工作时长。[21] 相比固定的行程，约 37% 的千禧一代更喜欢灵活的安排。考虑到婴儿潮一代的人逐渐退休和即将到来的劳动力不平衡，我们不难看出千禧一代（目前占劳动力市场的 30%，到 2050 年将占到 60%）将继续引领这一趋势。[22]

虽然传统的办公楼有价值，但科技已经允许人们在任何地方工作，使整个城市成为一个可用的办公空间。企业办公园区和传统的朝九晚五模式的瓦解，推动了城市生活需求的上升，因为这些地方拥有最好的既存基础设施，并能提供灵活的日程安排（方便使用互联网和便利设施）。

从许多方面来说，这实际上是对理查德·佛罗里达（Richard Florida）的"街头文化"的延伸——街道充斥着"咖啡馆、街边音乐家、小画廊和小酒馆，使人很难区分参与者与观看者，或者创意及其创作者。"[23] 城市化和工作场所的分散化将人们重新带回街头文化领域，并创造了一种反馈机制，将继续激发人们对城市生活的兴趣。

互联网、个人计算机和移动设备的出现，以及过去 30 年来运算能力的指数级增长，塑造了我们对信息交换、工作、社会关系和政府的期待。整整一代美国人成长于计算机主导的时代里。根据 2011 年的人口普查数据，这些所谓的"数字原生代"（1980 年以后出生的人）现在占到美国总人口的 47%，并且随着时间的推移，这个数字只会越来越大。

许多学者认为，经济大衰退只是加速了2007年之前就已经存在的趋势。雷·库兹韦尔（Ray Kurzweil）和埃弗雷特·罗杰斯（Everett Rogers）等思想家多年来一直在预测思想和技术的发展及其对经济的影响。库兹韦尔的前沿思想预测了不断下降的技术价格将如何对文明的各个方面产生深远影响；这一趋势在经济领域得以证实，它让系统和项目实施流程变得更加高效，并降低了成本，"以至于许多商品和服务几乎变得免费且充足，不再受市场力量的影响。"[24]

前所未有的信息供应和快速交流创造了一种期待，认为变化将立即出现。许多"数字原生代"和"数字移民"的期望呈现周期性变化——由各种软件、应用程序及其操作设备的季节性更新而建立起来。还有谁记得"视窗3.0"操作系统吗？作为这些产品的消费者，我们的期望是，每一代新产品都得到了改进，增加了一些新的功能，或者改掉了缺陷。

过度消费的下降趋势十分明显，并伴随着技术的淘汰更新，然而我们的文化却很适应这种快速更迭的方式。这是摩尔定律所带来的文化遗产，也是技术创新的加速特质。战术都市主义是这种观念在城市中的一种文化表现，它也是更迭的。

如果说过去50年的技术创新和改革有任何意义的话，那么未来50年将对我们在城市中的生活和工作方式产生革命性的影响。电脑工程师埃里克·雷蒙德（Eric Raymond）说道：

黑客文化及其成功引发了关于人类积极性、工作组织、职业前景、企业格局等一系列最根本的问题，以及在21世纪这一信息丰富的后稀缺经济时代这些事物将怎样改变并发展。这应该会使黑客文化成为未来人们感兴趣的东西。[25]

对于世界各地的城市学家来说，这意味着激进的连通性实际上是在紧凑城市主义的物理框架内蓬勃发展的，因为城市是最复杂和最基本的人类技术之一。数字经济和传统城市的结合可能会让那些预言城市文化会因万维网而消亡的人感到惊讶，但对于著名建筑评论家保罗·戈德伯格（Paul Goldberger）而言则不然。2001年，戈德伯格在加利福尼亚大学伯克利分校做了一次有先见之明的演讲，讨论了"城市、地方和网络空间"：

尽管传统城市可能与我们生活、建造和思考的方式背道而驰，但是这一刻迟早会到来，我认为城市与互联网不是对立的，而是相似的。在某种意义上，城市是原始的互联网、原始的超链接——城市中充满了随机的联系，而不是线性秩序；这些随机联系决定将要发生什么。城市不是线性的，即使它们存在于真实的空间中。随机的联系是让城市运转的原因，而惊喜和无限选择则赋予城市力量。也许这就是所有那些老旧城市得以保留的最重要原因——它们的物理形式本身就是真实空间中的一系列超链接。说起来有点矛盾，(现代城市中的)主题公园是线性的，而老城则代表了新的方式。

日常生活硬件与虚拟网络的融合，是常被称为"物联网"现象的一种表现形式。简言之，物联网指的是在没有人类指令的情况下，各类物体进行信息交换。这项技术通过增加实现共享经济的机会，来提高城市生活水平。《纽约时报》的一篇文章这样描述这一趋势："合作的方法才是有利于共享途径的，而资本主义的方法是关于私有制的。"[26]

例如，全球有 170 万人享受着共享汽车服务，这一行业一直在持续增长，如果每辆车不能通过网络与潜在用户交流其可用性，这将是不可能的。这对城市生活的影响很明显：最近的一项调查发现，共享汽车的参与者在加入该服务后，持有的机动车数量减少了一半，成员们更喜欢汽车的使用权，而不是汽车的所有权带来的负担。即使没有任何新的交通工具或自行车基础设施，只要简单地从现有系统中释放新的效率，就可以大幅减少城市道路上的汽车数量。

数百万人正在使用社交媒体网站、再分配网络、租赁和合作社，以低成本或免费的方式不仅可以共享汽车，还可以共享房屋、衣服、工具、玩具和其他物品。无线互联网基础设施也帮助建立了一种社会性的、基于技术的方法，将信息、分散的市民和政府之间连接起来。根据华盛顿特区公共技术研究所 2009 年进行的一项调查，75% 的地方政府采用了 "RSS 订阅源，向市民提供来自政府网站的新闻和信息更新；用推特向公众和媒体提供应急救援、公共安全和其他警报；以及使用脸书（Facebook）与公众交流重大事件和一系列其他信息。此外，约 60% 的地方政府表示，他们使用 YouTube（或类似的服务）宣传重大事件或者项目，并扩大受众范围，这是电视频道所远不能及的。"[27]

总而言之，当十年前我们的规划和建筑职业生涯开始时，今天被认为是理所当然的基于互联网的通信工具和服务并不存在。因此，这些科技渗透到我们生活方方面面的速度不容小觑；同理，我们也应该对战术都市主义的发展给予足够的关注。

尽管新技术使政府能够更快速、更有效地做出反应，但基本技术在规划和政府中的应用进展缓慢，尤其对于那些精通技术的"数字原生代"，他们希望既通过数字方式又通过物理方式去应对挑战。[28]

许多城市仍然没有任何在线的功能性流程，这意味着对于越来越多的选民来说，它们可能根本不存在。当然，也有一些人没有途径访问或没有机会定期使用互联网。这种所谓的"数字鸿沟"给那些较少使用或无法使用互联网基础商品和服务的人群带去了持续的关于公平性的担忧和问题。

虽然黑客文化创造性地重塑了我们的环境，简化了现有的系统，但其终究要破坏现存的程序和实现目标的方式。我们希望，黑客文化的广泛采用，特别是对战术都市主义的使用，将缩减"大规划"的某些繁琐的方面。事实上，尽管许多人呼吁政府扩张或缩减，但千禧一代大多保持更加中立的姿态，只是喜欢更好的政府。[29]

"公民技术"（civic tech）的支持者，正尝试既在外界又在政府内部合作，利用最新的数字技术来应对这些挑战。正如奈特基金会的约翰·索茨基（John Sotsky）所说，"想以消费者的身份来使用科技的人越多，他们就越期望技术能塑造他们的公民体验。"[30] 由于激进的连通性的崛起，公民需求和技术可行性终于达成了一致。

被称为"移动政府"的程序，可以在网站和应用程序中看到，例如 See-ClickFix、the Daily Pothole，、Shareabouts 或者 TurboVote（一种简化从注册到投票的程序的应用软件）。一个由市民主导的社区项目的"众包"平台 ioby，已经成为战术都市主义学家最喜欢的工具，因为它"让每个人都能够组织各种资本——现金、社会资本、实物捐赠、志愿者时间、思想倡导——从社区内部为社区服务。"[31]

激进的连通性并没有像一些人曾经预测的那样将人们分开，而是，至少在物理层面上，让人们更紧密地联系在一起。事实上，手机在世界上不断开展的革命、抗议和政治变革中发挥着核心作用，从巴拉克·奥巴马当选，到占领华尔街运动，再到阿拉伯之春事件。推特、脸书和短信使最近在埃及和利比亚暴动的照片和视频在网上疯传，让人们知道抗议的地点和时间——这不仅是使用移动应用程序的结果，也来自低成本无线设备的广泛可得性。这些技术从根本上改变了人们参与以及安排生活的方式，但它们仍然与城市的传统框架相结合使用。其结果是，全世界都知道了开罗的解放广场、伊斯坦布尔的塔克西姆广场和纽约市的祖科蒂公园。战术都市主义运动的兴起，虽然不是通过暴力的方式或出于明显的政治原因，但也依赖于城市的互联网和物理的双重基础设施，这样才可以解决政府与人们关系中存在的问题。[32]

实施过程中的挑战

随着越来越多的人移居到城市，或者干脆选择留在那里，市政设施并不总是能满足他们的需求，而且促进变革的官方程序也很匮乏。与那些正在经历新居民涌入的地方一样，这些问题在先前的工业区或是服务水平低下的地区都是真实存在的。当人们试图改善他们所在的社区时，通常情况下会先与地方议员、当地规划部门，甚至是市长办公室取得联系，就是为了让他们的想法成为现实。通常没过多久，人们就会发现，促进变革的官方程序往往是过时的、冗长的，且十分耗时。这样的结果让人沮丧，因为人们觉得几乎没有能力合法地利用体制来使他们的社区或更远的地方实现积极的改变。

根据皮尤研究中心 2013 年的一项分析，美国民众对民选官员的信任度在2010 年降到了历史最低点，只有 1956 年的 80%。[33] 政治体制缺乏对全体国民的回应，民众对政治体制也不再抱有幻想，这些问题远远超出了公共规划过程的缺点。最近这种愤世嫉俗的氛围可以追溯到许多因素，包括从战争到对大型产业的救助计划，这已超出了本书的范畴。这种挫折感为"茶党"运动和"占领华尔街"运动创造了成熟的条件，这些运动来自右翼和左翼政治团体，但其两者具有共同点。总的来说，无论级别如何，政府都应该更积极地应对市民的日常挑战。

换个角度来说，战术都市主义既关乎当前影响城市规划的趋势，也关乎政府和市民之间的关系及政府的应对措施。尽管经济大衰退造成的萧条促进各市政府采用互联网 2.0 技术，但民主制度在应对公共需求方面的繁琐步骤和不规范程序仍令人沮丧。[34]

本书序言中描述的新的、以人为本的时代广场几乎在一夜之间就出现了，但这并不是一个新的创意。早在 1969 年，由区域规划协会出版的《曼哈顿城市设计》中，不仅提出了时代广场的无车化，而且提出让百老汇大道成为中央公园和麦迪逊广场之间的无车街道。[35] 该项目被定位为保持该市中央商务区活力的一种战略，旨在将几个最具标志性的公共空间和著名的剧院区连接起来。虽然这个想法具有其可取之处，第 4 章会进行讨论，但是永久禁止数十个街区的汽车通行所带来的政治复杂性，以及规划师应对公众异议的平庸工具，使得最大胆的政治家也会望而却步。然而，时代广场做到了。

提出时代广场无车化方案的时代是规划行业的一个转型时期。第二次世界大战后，美国规划领域的专业化，几乎没给市民留下参与的空间来让他们建造自己的社区。在法律诉讼之后，市民领导的抗议活动和改革也随之而来，为一些公共流程的建立铺平了道路，或至少是人们的幻想；现如今"公众"这个词往往忽略了大部分人群。尽管每个地方和项目之间的差异很大，但如今当代城市居民所面临的真正挑战是这个过程不符合他们的利益或文化期望。

大多数人都会同意，市政府在规范土地使用和建筑形态方面发挥着重要作用。但这往往涉及区分使用功能，这对交通网络和社区的社会和物理结构造成了严重损害。尽管人们普遍认识到这种监管模式已经不再有效，但政府继续采用一种总体发展模式，几乎没有公共投入（从真实数字上来说），且不知道如何有效地发展步行社区，以满足当前与未来的需求。

在战后汽车时代建立起来的城市，除了定期选举和法定要求的公共会议之外，从未充分发展出一种有效的公民参与模式。考虑到大都市地区不断扩大的规模，以及人力和经济资本的多样性，即使是选举和公共会议这些方法也很薄弱。因此，新型的规划过程，即那些能够真正包容、有效和高效地实现变革的过程，总是处于一系列学科的边缘，勉强能做的就是：在预算允许的范围内做最多的事情，并且尽量往好处想。

其结果是对公共过程和文化偏好漠不关心（如果不是完全无视的话），并认为真正的公众共识也许不可能实现。几十年来，这种情况在美国经常发生。只需要看看 20 世纪 60 年代中期，在纽约市的老宾夕法尼亚车站被拆除后（它被现在的宾夕法尼亚车站和麦迪逊广场花园所取代），历史保护运动的兴起。[36] 尽管这一事件引发了纽约市地标保护委员会的崛起，也有一些人认为其意义在更大的历史保护领域，但真正的失败是，拆除老宾夕法尼亚车站的决定是在没有公众参与的情况下做出的。《纽约时报》报道称："直到被拆除的那一刻，人们才相信宾夕法尼亚车站真的要消失了，或者说，才相信纽约会允许对杰出的罗马式地标建筑的破坏行为。"[37]

同样是在 20 世纪 60 年代，简·雅各布斯（Jane Jacobs）在其极具影响力的《美国大城市的死与生》一书中斥责了当代城市规划中沿用的方法。雅各布斯的保护格林尼治村的行动也使得罗伯特·摩西（Robert Moses）提议已久的曼哈顿下城高速公路的计划被搁置，这一计划将会拆除与运河街（Canal Street）接壤的一大片社区。击败这位纽约市最有权势的领导人的斗争是一场盛大的、广为人知的公民宣传活动。它表达出了纽约人的心声，并表明了将他们纳入规划和决策过程的必要性。它也让全美各地的新兴社区的倡导者变得更加勇敢。[38]

市民们看到他们的社区受到"城市更新"的威胁甚至破坏的速度，并没有因为一个失败的高速公路项目而减弱。1965 年，保罗·戴维多夫（Paul Davidoff）

> ……尽管普遍认识到这种监管模式已经不再有效，但政府继续采用一种总体发展模式，几乎没有公共投入（从真实数字上来说），且不知道如何有效地发展步行社区，以满足当前与未来的需求。

的重要文章《规划中的倡导与多元主义》（"Advocacy and Pluralism in Planning"）通过批判规划师在城市建设过程中所扮演的角色，推进了雅各布斯和其他人的工作。戴维多夫认为，对社会正义和公平的追求在规划师的职责范围内，并主张建立一种制度，通过包容和公众辩论赋予非政府组织和个人，特别是被剥夺权利的个人，以权力。戴维多夫欣赏自下而上的倡导所创造的政治力量，并相信让大众发声可以实现更好的规划。"未来规划的前景就是实践，实践让政治和社会价值公开地接受人们的检验和讨论，"戴维多夫写道，"接受这一现状意味着要拒绝服从城市规划的训令，这些训令会让规划师像一名技术人员一样踽踽独行。"[39]

但我们离有效地将服务不足的社区纳入规划过程还有很长的路要走。多元主义在城市规划中的扩张造成了一个让联邦、各州、地方法规，以及程序过度纠缠的体系。这一过程现在包括公众听证会、书面公众评论期、规划和分区委员会、工作坊、专家研讨会、咨询委员会、指导委员会、环境影响研究、许可和项目工作组。尽管对于那些有时间和资源参与其中的人来说，公众的参与程度有所提高，但我们不得不问，事情是否偏离了它原本的方向。

大大小小的项目要经过层层的官僚程序，考虑到相互竞争的利益关系和司法管辖权，获得建设许可的过程非常复杂，要高效地完成任何事情都非常困难，而且昂贵。而这"善意的"的系统带来的意料之外的结果是让项目的时间期限和预算膨胀。多年来，随着部门工作人员的更替，经济周期缩小了项目范围（同时以某种方式增加了成本），再加上政客们因为选举而改变优先事项导致规划被不断地重做，这些状况都降低了问责制。城市现在备受煎熬，原因很简单，程序太多，而完成的事情太少。

从旧金山范尼斯大道上长期延误的快速公交线路，到纽约市第二大道的地铁线，再到迈阿密永远延误的地铁，这样的例子比比皆是。我们猜测在你所在的地区，一定有类似的事情，而且不止一件。这种项目具有共同的特点：大型、成本高昂、十分复杂，它们让你更加期待也更加兴奋；但是最终却揭示了如今的规划方法是如何让利益双方相互对立的——公共与私密、个人与集体、富裕与贫穷——而不

是寻找共性和平坦的前进道路。罗马
当然不是一天建成的，然而我们很确
定它在今天根本不可能建成。

　　在支持者得知当地政府并不打算
迅速进行小规模的改变后，即使是小
型项目也变得让人生厌。在某个特定
城市里，有很多人都有激情和想法去
做出微小而重大的改变：把一块空地
变成一个狗狗公园，在十字路口画上
壁画，或者简单地沿着人行道上的绿
化带建造社区花园。然而，当人们发
现实施这些项目需要几个月的繁琐程
序、保险和社区共识才能获得许可时，
很少有人有能力坚持下去。其结果是，
在某些情况下，通常守法的公民未经
许可就采取行动，然后再请求原谅。
这可以成为创造变革的一个强有力的
方法。

1963 年，老宾夕法尼亚火车站被拆除，这促进了美国历史保护运动的兴起（Eddie Hausner/ 纽约时报 /Redux）

　　罗马当然不是一天建成的，但我们很确定它在今天根本不可能
建成。

　　就问问卢·卡特利（Lou Catelli）吧，他是巴尔的摩市汉普顿社区的居民，
有一天晚上，他曾在一个繁忙的十字路口用喷漆画了一条人行横道线。在 2011
年该城重新铺设了这条街道后，司机们不再注意停车标志和过马路的行人，因为
市政府并未重新标画人行横道、停车标线和街道中心线。社区的居民和企业一再
要求该市的公共工程部门完成这项工作，但是并没有任何行动发生，因为该工程
的承包商坚持说，寒冷的天气使他们无法完成这项工作。卡特利对这个说法并不
满意，他自己采取了行动。对于那一夜的冒险行为，卡特利回忆说，当他在十字
路口喷漆时，巴尔的摩的警察三次经过十字路口，因为有人举报他"蓄意破坏公
共财产"。看到卡特利做出的所谓"财产破坏行为"背后的公民本质，警察并没
有采取行动阻止他，据说，相反他们还鼓励卡特利把这件事完成。

巴尔的摩市汉普顿社区的居民卢·卡特利，在一个夜晚用喷漆在繁忙的十字路口喷画人行横道线，因为政府没有完成应做的工作（Deborah Patterson）

此后不久，该市交通运输部门的一名发言人对"游击式人行横道"做出了回应并解释说，由于责任问题，是不允许居民在巴尔的摩市的街道喷漆的，他们将调查是否应该对卡特利的行为采取民事或刑事诉讼。代表该地区的巴尔的摩市市议员玛丽·帕特·克拉克（Mary Pat Clarke）表达了不同的立场。她回应说，这座城市应该感谢像卡特利这样的人，因为人们步行的能见度和安全性是该地区的优先事项，尤其是周围还有学校。卡特利没有被起诉，此后不久，该市就完成了街道人行横道线的喷画。[40]

完成项目所需的时间和成本，无论是大型基础设施还是小型的地方改进，正导致市民和市政管理者的一种漠然，这种漠然又被称为"规划疲劳"。从这种全民性的倦怠感中恢复过来是很困难的，因为即使是最热心的社区活动家或政治领袖也会对看似无休止的规划过程感到厌倦。这也解释了为什么市民对项目实施系统的失望越来越明显，更不用说那些付费管理它的人了。难怪积极分子和官员们都在转向战术都市主义的直接性去"入侵"（破解）系统，以便他们能够完成一些"事情"。

右：开发更加开放、透明和协作的项目实施框架应该成为任何城市规划的首要议程

04 属于城市与市民的：战术都市主义的 5 个实践案例

> *创造者齐心协力填补着官方的行动与资源之间日益增长的鸿沟，他们的存在区分了"被爱"的城市和仅仅被居住的城市。*
> ——彼得·卡杰亚玛（Peter Kageyama），《城市之爱》（*For the Love of Gities*）[1]

在每一个成功的战术都市主义项目背后，都有一个引人注目的起源故事；故事往往因发展道路上的挫折而起，并最终带来能够应对建成环境下的已知挑战且富有创造性的解决办法。本章将分享 5 个这样的案例，阐明旨在打破现状的短期战术是如何产生物理环境、政策或两者的长期转变的。他们分别为：

- 十字路口修复（Intersection repairs）
- 游击式寻路（Guerrilla wayfinding）
- 建设更好的街区（Build a better block）
- 公园营造（Parkmaking）
- 人行道改造广场（Pavement to plazas）

此外，你会发现大多数案例包含额外的案例研究，或是故事中所讲到的插曲，进一步说明这些初始项目在其他地区所带来的影响。

无论是由有进取心却未得到政府许可的市民领导，还是由作为政府"内部创业者"的官员领导，我们想要强调的是，在缺乏引领的情况下，小行动无法演变成大作为。通常情况下，领导力来自一小群人，他们能够将更多的人带入发展进程中，并且使人们明白其运作的可能性。

> 我们想要强调的是，在缺乏引领的情况下，小行动无法演变成大作为。

左：孩子们一起美化波特兰市的十字路口（Greg Raisman）

　　这些先驱者经常被正式的社区领导力量所低估。《城市之爱》的作者彼得·卡杰亚玛描述了这些先驱的力量与重要性："整体而言，城市是由数量相对较少的'共同创造者'所构成，这些共同创造者在社会中扮演着企业家、活动家、艺术家、表演者、学生、组织者以及'关注进程的普通公民'的角色，他们创造出了大多数人的消费体验。"卡杰亚玛继续写道："许多共同创造者的行动未经授权，也没有集中的方向，而我们却恰恰得益于他们富有创造性的努力。他们创造出使我们愉悦的体验，并且在城市的创建过程中有着巨大的影响。"[2]

　　战术都市主义学家是你所在社区的共同创造者，他们经常将城市规划、公共艺术、设计、建筑、倡议、政策及科技之间的界线模糊化。最后一点，本章中的每一个案例都在极大程度上得益于第3章所描述的有关激进连通性的兴起。例如，由马特·托马苏洛（Matt Tomsaulo）发起的最初名为"漫步罗利"（Walk Raleigh）的"游击式寻路"项目，它运用了一整套基于网络的工具来创建项目、记录安装、倡导合法性，并最终筹集到所需资金来扩大规模。同样在纽约，城市出租车中安装的全球定位装置进行着收集与传输数据的工作，以便交通部门对数据进行分析，并运用分析结果来证明时代广场的人行化改造对数十年如一日拥挤的曼哈顿市中心的行车速度所产生的积极影响。

　　如今，无数由市民主导且亲自动手创建的活动以及"创意场所营造"项目正在全世界进行着，这些活动的实施者通常是普通民众。然而，值得注意的是，本章中所提到的大多数行动者都对当地的城市进程有一定了解或是有与城市建设艺术相关的教育背景，这些知识无疑有助于其项目的成功。然而，我们欣喜地看到，越来越多的城市希望将战术都市主义作为一种手段来鼓励那些不熟悉项目常规实施过程的非专业人士参与到场所营造中去。这是一种积极的并将加速发展的趋势。

　　希望这些项目和他们背后的人能启发你，就像他们能启发我们将战术都市主义融入我们的专业咨询和个人倡导工作中一样。我们试图在本章描述每个项目的经验教训，同时在第5章为其提供更为完整的指引，意在帮助你在所在的社区进行一项战术都市主义项目。

十字路口修复

城市即人。

——威廉·莎士比亚，《科里奥兰纳斯》（*Coriolanus*）

项目名称：城市修复

发起年份：1997

发起城市：俄勒冈州波特兰市

领导力量：市民，由市政府授权

发起目的：发展社区街道十字路口作为社区空间，以提高安全和健康水平。

现状：在波特兰的阳光广场（Sunnyside Piazza）社区，居住在距离修复后的十字路口两个街区内的 86% 的受访者表示总体健康状况极好或很好，而邻近社区的这一比例为 70%。[3]

俄勒冈州的波特兰市是一个有着漂浮在水面上的自行车道的城市，葱翠的雨水花园装点着适宜步行的街道，一辆辆美食车占据了市中心为数不多的地上停车场空间。尽管波特兰市的特殊性——真实又梦幻——需要强有力的政治领导，但这无疑是对进步市民更为直接准确的反映，他们发展出了一种市民直接参与城市改造的文化。也许没有什么能够比城市修复的故事和它的特色项目——十字路口修复——更能体现出这个道理的了。

城市修复是社区建设及邻里空间营造的手段，它运用了永续设计、自然的建筑技术和公共艺术来促进公民的参与度。这些成果包括十字路口修复项目，它将街区中的路口进行回收并改造，使之成为一个充满吸引力且足够安全的场所，作为邻里居民聚会的地方。在波特兰，它始于居民们在路口路面上绘制的巨大图画，并增加了各种公共设施，如长椅、公共信息亭和街道边缘的借阅图书馆。十字路口修复项目也可能涉及私有财产以及公共路权。

"城市修复"（City Repair）同时也是一家志愿者组织的名字，该组织始于 1997 年，是一个松散的市民活动家团体。如今，它是一个非营利组织，为波特兰市民提供支持和指导，并为全球那些有兴趣通过点对点合作改善其社区的人提供灵感。该组织还带头组织了波特兰一年一度的地球日庆典，并举办了一个名为"乡村建设融合"（Village Building Convergence）的年度场所营造活动，让数百人同时在城市的数十个地点开展项目。

位于马克·莱克曼后院的茶馆 T-Hows 出现于 20 世纪 90 年代中期的波特兰，它为附近社区居民创造出一个可以聚会的场所（Melody Saunders 摄）

　　城市修复组织为有兴趣发展他们自己项目的市民和当地组织提供技术协助。通过这种方式，市民得以重新拿回社区自主权，并且强调了街区邻里齐心协力创造改变的重要意义。该组织的领导者坚信自己的角色是促进者，而不是设计师。这种方式建立起了社会资本，并赋予了居民权力，因为他们直接参与了项目的筹资、设计、实施和维护。

　　城市修复组织的上升势头及其创造的十字路口修复策略具有指导意义，因为它们展示了小规模的、未经批准的、低成本的由市民领导的倡议可以演变为更大的、经城市批准的和全球认可的成果。

当波特兰市政府认定茶馆 T-Hows 违反了该市的分区法时，马克·莱克曼将其重新组装在一辆小货车上，创建了一个移动茶馆并命名为 T-Horse（Sarah Gilbert 摄，cafemama.com）

塑造社区的别样未来

城市修复组织的故事开始于波特兰市的塞尔伍德（Sellwood）社区，它位于城市的南部边缘威拉米特河（Willamette River）的峭壁上，塞尔伍德社区在那时就如现在一样，布满了低矮的一层或二层的小别墅和平房。马克·莱克曼（Mark Lakeman）说，就是在这个社区，他开始"塑造一个不同的未来，并让其他人能够实现它。"[4]

莱克曼的父母是两位具有社会意识的建筑师，是他们教会了莱克曼规划与设计所体现的价值。莱克曼回忆父母说过的话，规划师"就像超级英雄，他们预想着不存在的东西，这是一种强大的能力。"[5] 尽管后来他意识到，他父亲的市中心项目具有较重的政治色彩且获得了成功，但他也了解到，普通市民在构思或建造这些项目中并没有发挥作用。此外，由于他们专注于市中心项目，他们并没有给大多数波特兰人居住的社区带来必要的便利设施。

莱克曼在国外生活了几年，研究其他文化如何安排社会和物质生活方式后，他在 1995 年回到家乡，深深体会到了文化冲击。对于刚刚结束在墨西哥和危地马拉的雨林中与玛雅人共同生活的莱克曼来说，与波特兰的邻居住得如此近而彼此却又如此疏远的感觉让他沮丧无比。据莱克曼说，"我环顾四周，然后发现，'在这里没有人自主决定自己生活的区域！'"[6]

为了弥合这一差距，他说服了一些朋友来帮助他创建一个地方，可以让人们聚会、分享资源，并能够广泛地增强社区意识。莱克曼使用天然和回收的材料设计了一个小型社区建筑，仅花了 65 美元[7]，人们可以在那里喝茶。他称之为T-Hows（发音同"茶馆"的英文"teahouse"）。它是在塞尔伍德一处住宅的后院组装起来的，并迅速成为每周聚会和聚餐的场所，社区居民在新社区空间的便利设施中进行集会和分享活动。很明显，莱克曼准确快速地捕捉并满足了人们对社交聚会空间的需求。

然而，这座建筑是在没有获得城市许可的情况下建造的，而且面积大到违反了城市的分区法。经过 6 个月，该茶馆的受欢迎程度日益提高，但它最终被市政府官员要求拆除。然而，棋高一着的莱克曼早已将其设计为可简便拆卸的结构。他简单地将 T-Hows 所使用的材料（再生树脂玻璃、木材、塑料罩和竹子）重新安装在一辆旧丰田载货卡车上，就将它变成了一个可移动的茶室，并戏称为 T-Horse。这个移动版本的设计目的是为其停靠的地方提供一个即时的社区聚会场所。"社会环境建筑师"艺术展览的博客中提到，T-Horse 的"出现让城市中远离权力中心的偏远地区也有了能够决定自己社区命运的能力。"[8]

后碳研究所（Post-Carbon Institute）的研究人员丹尼尔·勒奇（Daniel Lerch）说道，早期与大约 200 人一起参加 T-Horse 聚会的经历让他意识到，城市的可持续性并非始于轻轨系统或是经能源与环境设计先锋（LEED）认证的绿色建筑，而是始于社会关系。莱克曼设计的 T-Horse，可以被看作移动餐车热潮的一种更具公民意识的先驱，是以一种有意识的低成本、可移动和战术性的方式来激活公共空间，同时也帮助人们在城市中建立社会关系。

T-Horse 将 T-Hows 的影响力带给了更广泛的受众，并迅速成为一系列关于加强当地经济、场所营造、社区赋能和环境可持续性的社区讨论的实体平台。在讨论像 T-Horse 这样既富有创造性又简单的干预措施的力量时，莱克曼说，人们"开始以不同的方式看待整个世界。这是推动变革的强大动力。"[9]

随着 T-Horse 在城镇中疾驰，莱克曼召集塞尔伍德社区的邻居们来重现最初T-Hows 所带来的魔力。莱克曼说，他们决定把一个十字路口变成一个真正的公共空间，这将减缓交通速度，并让居民将这个路口重建为社区广场。他们选择了东南第九街（Southeast 9th）和谢雷特街（Sherrett Streets）的交叉口作为改造地点。正如莱克曼在一次采访中所说："我们突然将势头转向了路口。"[10]

十字路口修复

1996 年夏天，这个小团体带着喷涂道路口的建议书来到了波特兰市交通运输局（PBOT）。由于在波特兰市及其他地区并没有此类先例，尽管团体成员们努力游说，却并没有得到政府的支持。事实上，一个波特兰交通运输局官员在与该团体的一次会议上态度恶劣地讥讽道："那是公共空间，没有人能够使用它！"[11] 受到这一荒谬说法的启发，这群居民决定创造性地向前迈进一步。

为了颠覆城市的刻板印象，莱克曼和邻居们决定申请一个标准的街区派对许可证，用以关闭街道，禁止车辆驶入十字路口。然而，他们并没有在街上烧烤或玩飞盘，经过深思熟虑后，他们采取了一项非暴力反抗措施——在整个路口路面上画了一幅巨大的地画。他们还建起了 24 小时自助茶水站、社区公告板、信息亭和一个儿童游戏室，这些设施至今依然存在。从此之后，东南第九街和谢雷特街的交叉口被人们称为"共享广场"，波特兰的第一个十字路口修复项目让整个城市看到了它的力量。

不出所料，波特兰交通运输局的官员很快就威胁要对未经他们许可而改变城市街道处以罚款。该组织直接与交通运输局和市议会的成员交流，解释说该项目实现了降低交通速度和让社区居民聚集在一起的目标。面向路口附近居民的调查问卷结果有效支持了这一主张。结果显示，85% 的受访者认为社区交流和安全有所增加，犯罪率和交通速度均有下降。[12]

市议会成员查理·海尔斯（Charlie Hales）明白城市修复项目的价值，并说服市长维拉·卡茨（Vera Katz）和市议员们"共享广场"不应该被解散，有两个原因。首先，波特兰市对艺术和公共空间的资金投入在不断减少，这群有进取心的市民们已经通过志愿者劳动和捐赠的材料来解决这个问题，而没有使用纳税人的钱。其次，城市修复项目非常符合城市不断扩大的宜居政策和可持续发展目标，即寻求更多的社区互动、减少对汽车的依赖以及更安全的街道。既然如此，为什么不让热情的市民帮助城市实践政策呢？为什么不能让他们在未来继续做下去呢？

海尔斯的支持和市政府三个月的努力让市议会最终决定将共享广场予以保留。此外，波特兰市开始了制定简单标准条例的缓慢进程，来保证类似项目能够在全市范围内实施。大约 15 年后，查理·海尔斯（目前担任市长）向视线研究

位于俄勒冈州波特兰市的共享广场（City Repair）

所（Sightline Institute）讲述了十字路口修复带来的好处："这听起来像是异想天开，但如果你在星期六的下午到路口散散步，就会明白了。居民们在交谈，车辆缓慢地行驶，你会发现自己身处于一个场所（place）之中。"[13]

在接下来的几年中，共享广场项目持续发展：24 小时茶水站使用永久材料（钢、木材、混凝土和马赛克瓷砖）进行了重建；社区公告板增加了树脂玻璃屋顶和黑板；一个制作共享站开放了；一个涂鸦粉笔机出现在人行道上。随着时间的推移，长椅、社区报刊亭和其他便利设施也有所增加，最初路面上的绘画也已经被重新设计和重新粉刷了很多次。[14]

十字路口修复如今被城市修复组织定义为"由市民主导，将城市街道交叉口转变为公共广场"。从 2001 年至 2005 年担任城市修复组织联席主任的丹尼尔·勒奇介绍到，虽然路口修复项目中最显眼的元素当属路面涂鸦，但是沿街布置的便民设施才真正让社区重新焕发了生机，因为它们"为单一使用的住宅区引入了多种小规模的功能"。[15] 简·塞门扎（Jan Semenza）教授在 2011 年发表的一篇文章中写道，"路口修复的关键并不是路面上的涂鸦，而是居民们创造出了一些比他们自己更重要的东西。"[16]

波特兰市在 2000 年通过了一项十字路口修复条例，尽管这一条例花了几年时间才通过市政程序。这意味着波特兰市的所有社区都可以合法进行这一项目，已成立三年的、全部由志愿者组成的城市修复组织已准备好随时提供帮助。

如今，每年举行的"乡村建设融合"让数百人有效利用类似路口修复的战术来改善波特兰市的各个社区。在 2012 年的一篇关于年度"乡村建设融合"的文章中，《俄勒冈人报》就该活动的发展采访了城市修复组织委员会成员埃迪·胡克（Eddie Hooker）。"三年前，我为这项活动订购了 82 加仑（约 310 升）油漆。今年，我订购了 267 加仑（约 1011 升），"这些油漆被用于 31 个项目地点。[17] 城市修复组织的既定工作任务是覆盖该市所有 96 个社区，类似十字路口修复，如今已遍布整个波特兰市。

不出所料，城市修复组织的工作在北美的城镇和城市激发了类似的项目，包括华盛顿州奥林匹亚、北卡罗来纳州阿什维尔、纽约州宾汉姆顿、明尼苏达州圣保罗、宾夕法尼亚州立大学，以及许多其他地方。[18] 该项目在波特兰以及全美国范围内的增长证明了它的吸引力与可扩展性：社区街道不再仅仅被用于汽车行驶与停放。

除了十字路口修复、地球日和乡村建设融合，城市修复组织也催生了波特兰市的其他场所营造活动和环保倡议。丹尼尔·勒奇表示这是由于城市修复组织"允许人们做出积极的活动"。换句话说，参与城市修复组织活动的人摸到了基于场所的行动主义的门道，然后将他们的注意力转移到其他特定的需求领域。一个例子就是 Depave（"去除过度铺装"）。这个组织成立于 2006 年，当时一群组织松散的市民活动积极分子在未经城市许可的情况下，将未被充分利用的停车场和车道上的沥青清除。其目标是通过用社区绿色空间取代不必要的路面和混凝土，以减轻雨水径流和随之而来的污染，从而改善建筑环境和自然环境。

由于城市修复组织十年前的开创性工作以及它在早期作为资金赞助人所起的作用，Depave 很快从一个未经批准的"游击式"群体转变为一个成功的非营利组织，由美国环境保护局、俄勒冈州环境质量部、巴塔哥尼亚和摩尔特诺马水土保持区（Patagonia，and the Multnomah Soil and Water Conservation Districts）资助。自 2007 年成为非营利组织以来，Depave 已将约 11 万平方英尺（约 10219 平方米）的铺地改造成为学校操场、社区花园、果树林和口袋公园。根据该组织网站的信息，这项工作每年可使波特兰市超过 255.5 万加仑（约 967 万升）的雨水从雨水渠中分流。[19]

十字路口修复不只提供了一个有价值且久经考验的战术都市主义案例，同时也展示了它在社区创建中所具有的强大力量。有趣的是，该项目的进行早于互联网时代，却在全球范围内得以普及。路口修复的相关信息如今遍布网络，我们坚信，正是这样的一种战术，开启了由市民带动的战术都市主义的浪潮。事实上，虽然路口修复起源于 20 世纪 90 年代中期，人们对实施路口修复项目的兴趣却是随着数字带宽发展起来的，人们通过观看视频、阅读文章，以及访问网页了解这个项目为什么成功，又是如何成功的。有些问题时至今日仍然存在：路口修复项目所产生的社会影响能够被衡量吗？

有证据表明，波特兰的案例提高了对多样性的容忍度，降低了交通速度，鼓励了社区参与，增强了社区认同感，降低了犯罪率，美化了社区，并为居民提供了更大的宜居感。波特兰州立大学的前教授简·塞门扎在他 2003 年发表在《美国公共卫生杂志》上的一篇同行评议的文章中说，其中许多说法都是正确的。在这项研究中，塞门扎发现阳光广场社区（波特兰的第二个路口修复项目）提供了更为丰富的社区感。具体来说，有 65% 的附近居民认为这个社区非常适合居住，相比之下，对照组（邻近的一个社区）的这一比例为 35%。[20] 塞门扎还了解到，86% 的受访者表示"总体健康状况极好或很好"，而邻近社区的这一比例为 70%；57% 的受访者表示"几乎没有感到压抑"，而邻近社区的这一比例为 40%。塞门扎认为，这种成功可以归因于以社区为基础的各种典礼活动，以及创建阳光广场社区的过程。

一位在塞门扎的研究工作中受访的居民很好地总结了这个原因："社区公众参与所带来的力量与喜悦，让我们开始治愈美国城市中普遍存在的人群疏远与脱离状态。"

左：俄勒冈州波特兰市，正在进行中的路口修复项目（Greg Raisman）

4.1　安大略省汉密尔顿的路口修复项目

长久以来，北美的十字路口设计都最大化地满足机动车的行驶，以牺牲行人的利益为代价。众所周知，这是危险的，美国联邦公路管理局的数据显示，城区中最致命的交通事故多发生在十字路口。[a] 出于这个原因，我们扩大了路口修复的定义，市民不仅可以改变路面铺装，还可以改变物理形状，以利于所有人的安全。这种类型的十字路口修复的最好案例是安大略省的汉密尔顿，这是一个去工业化的沿湖城市，有 50 万居民。那里的市民活动积极分子走上街头，敦促效率低下的城市领导人尽快制定出可实施的政策和规划。

因失望于缓慢的改革步伐，汉密尔顿 / 伯灵顿建筑师协会（HBSA）和安大略建筑师协会（OAA）在 2013 年春天组织活动，旨在帮助市民倡导者利用战术都市主义来改善城市的"不完整街道"目录。为期两周的工作包括一个由街道计划协作社领导的战术都市主义工作营，内容是为 5 个颇为典型的十字路口开发低成本和临时性干预措施，并有为期两周的时间让参与者实施项目。为了推动项目进行，汉密尔顿 / 伯灵顿建筑师协会的会员公司提供了 5000 美元资金购买材料。

每个路口有 1000 美元的预算，这要求包括社区居民、企业主、当地建筑师在内的近 30 名工作营参与者具有相当的创造力。从游击式人行横道（guerrilla crosswalks）和寻路材料（wayfinding materials），到通过城市设计的戏剧性展示来推进共享空间概念，这些理念都得到开发和实施。工作营进程使 5 个路口中的 3 个获得了汉密尔顿市批准进行永久改变，而其中也不乏政府与市民间的矛盾。在这个故事中，我们将重点关注这个最让市政府不满却也最受关注的项目。

赫基默（Herkimer）街和洛克（Locke）街相交于汉密尔顿市中心西侧一处老旧有轨电车商圈的南端。路口的 4 个拐角分别是一家汽车修理店、一所小学、一个房地产公司以及一座教堂。东西向的赫基默街在过去被改成了双车道单向行驶模式，转弯半径也被加大以方便汽车行驶。尽管人们不断抱怨安全问题，也完成了交通稳静化计划，但该市几乎没有采取任何措施来给行人提供更为安全的街道。

左：在夜幕的掩护下，人们在安大略省汉密尔顿创建路缘的延伸地带（Jeff Tessier）

汉密尔顿正在实施的交通稳静化措施（Philip Toms）

工作营的参与者被要求找出可能减缓通过十字路口的汽车速度的策略，尤其应关注学龄儿童的利益，并让城市能够践行其政策。参与者建议使用"游击式缓冲带"（压缩宽度）来修复十字路口，让行人，尤其是孩子，穿越路口的距离缩短，让司机也能更容易看到过路的行人，并且被迫减速。具体实施过程涉及三个简单的步骤：

1. 购买交通锥并进行喷涂，在其顶部放上花束（这样就不会把它们与城市主导的项目混淆）。

2. 在夜晚将交通锥用螺栓拧到沥青中形成路面凸起。

3. 看看会发生什么。

在该市的主要报纸《汉密尔顿观察家》刊登了一篇文章后，该项目的消息迅速传播开来。此外，当地的公民事务博客"挥舞锤子"进行了持续的报道，包括对学校路口警卫的采访，警卫说道："我喜欢这个项目！路口交通原来非常可怕，这个项目能够起到真正的控制作用。"[b]

尽管在人群中产生许多共鸣，这个由市民主导的项目依旧遭到了市政厅的强烈抵制。交通锥被移除，汉密尔顿市执行长签发了一份内部备忘录，提醒他的同事注意在当地使用的战术都市主义。

这些对城市街道的改变是非法的，存在潜在的不安全因素，并增加了城市的维护和维修成本。市政府可以认为这是一种破坏行为，有可能对市民，特别是行

PHONE THE HAMILTON POLICE SERVICE IMMEDIATELY IF YOU SEE ANY INSTANCES OF TACTICAL URBANISM.

DO NOT TO APPROACH TACTICAL URBANISTS DIRECTLY. PLEASE WAIT FOR THE POLICE TO ARRIVE. THEY MAY BE ARMED AND DANGEROUS, BUT THE TACTICAL URBANISTS ARE UNLIKELY TO BE. FOR ALL SUCCESSFUL ARRESTS, PUBLIC WORKS WILL PROVIDE 10 KG OF FREE ASPHALT.

汉密尔顿对战术都市学家的"通缉"海报（Graham Crawford）

人，造成严重的健康和安全后果。城市与参与该活动的个人均存在潜在责任与风险管理索赔。[c]

当然，在备忘录中，政府没有意识到维持现状的危险。他们也没有提供任何证据证明这个项目带来了危害。意识到其讽刺之处的公众支持者们以海报形式进行了幽默的辩驳，并很快通过社交媒体传播开来。通过似乎经过精心策划的软硬兼施的方法，汉密尔顿 / 伯灵顿建筑师协会主动提出要对此事负责并且要求与政府官员会面。一些重要的市议员和政府官员同意并接受了深受尊敬的汉密尔顿 / 伯灵顿建筑师协会所表达的担忧。这次会议过后，这座城市突然转变了态度。市政府决定给出积极的响应，即增强赫基默街和洛克街交叉路口的安全性，将其定为"试点项目"，来测试拥有更高能见度的人行横道、路缘延伸和更小的转弯半径。

在第一次会议的两周内，在之前放置交通锥的地方，用油漆勾画出了转角延伸路面的轮廓，安装了临时护柱，人行道涂上了显眼的斑马线。项目收到了非常积极的反响，这促使全市都采取了类似的路口修复措施。一直关注该活动进程的"挥舞锤子"博客于 2013 年 8 月发表了一篇题为"斑马聚会"的文章，记述了对汉密尔顿城市交通工程经理马丁·怀特（Martin White）的邮件采访。怀特承认，对洛克街和赫基默街的干预措施推动了这项活动的进展。关于该项目的扩展，马丁说该项目最初集中在一个社区，但事实证明了它的受欢迎程度。"路口修复的想法迅速传播，我们还没来得及找出适合的实施位置，议员们就找到了我们，并提出了更高的要求。"[d] 不到一年的时间，汉密尔顿市就已完成了近 70 处路口修复，为了将来完成永久性修复，人们使用临时和低成本材料先进行了位置预留。不到几个月的时间，市政工程队又回到了洛克街和赫基默街的路口，将喷涂和临时护柱替换成了混凝土。

如今，汉密尔顿继续开发试点项目，并正在研究开发一个在线平台，让市民更容易地通过战术都市主义的工具建议需要改进的地点。汉密尔顿 / 伯灵顿建筑师协会理事会成员格雷汉姆·麦克纳利（Graham McNally）写道："对于城市来说，战术都市主义项目能够提供创新、有效的方式来汇集民众的智慧，获得关于如何改善社区的见解与想法，而这通常是总体规划和官方计划难以处理的；并且向汉密尔顿及其他地方的人们展示，该市正在寻求一种新的工作方式，并将广泛听取来自政府内外的优秀想法与建议。"[e]

---

a. "The National Intersection Safety Problem," Federal Highway Administration，http：//safety.fhwa.dot. gov/intersection/resources/fhwasa10005/brief_2.cfm.

b. Ryan McGreal，"Invigorating Tactical Urbanism Talk Inspires Action," *Raise the Hammer*，May 8，2013，https：//raisethehammer.org/article/1849invigorating_tactical_urbanism_talk_inspires_action.

c. http：//raisethehammer.org/article/1850/city_crackdown_on_tactical_urbanism.

d. Ryan McGreal，"Zebrapalooza," *Raise the Hammer* August 19，2013，http：//raisethehammer.org/ article/1933/zebrapalooza.

e. Graham McNally，"City Embraces Tactical Urbanism," *Raise the Hammer*，September 24，2013，http：//www.raisethehammer.org/article/1960/city_embraces_tactical_urbanism.

游击式寻路

只要时间充足，你能够走到任何想去的地方。

——斯蒂芬·赖特（Stephen Wright）

项目名称：漫步 [你的城市]

发起年份：2012

发起城市：北卡罗来纳州罗利市（Raleigh）

领导力量：由热心市民马特·托马苏洛发起，他现在是各地的步行倡导者、社区组织者和城市规划师

发起目的：鼓励步行

现状：在美国，尽管 41% 的短途出行距离为 1 英里（约 1.6 公里）或更短，但只有不到 10% 的短途出行是通过步行或骑自行车完成的。[21]

　　如果 20 世纪的城市设计是为开车出行提供便利，那么 21 世纪的城市设计就是更便于步行的。在《适合步行的城市》（*Walkable City*）一书中，杰夫·斯佩克（Jeff Speck）说："把可步行性做好，其他的事情就会随之而来。"[22] 确实如此。经济、公共卫生和环境改善都与社区设计支持步行有关——这类地方是在发展停滞了 60 年后，最近才重新开始建设。正如本书其他章节所探讨的那样，美国适宜步行社区的供应量很低，而需求量却越来越高。最近的一项研究表明，千禧一代喜欢步行方便的社区的比例是不方便的社区的三倍。[23]

　　可步行性是对一切理想社区特征的一种简略表达：建筑质量、建筑密度、以行人为导向设计的人性化街道、混合用途、靠近公园和可用公共空间。

　　但是，当所有这些因素都存在于一个社区中，但居住在那里的大多数人通常不走路时会发生什么？如何改变这种文化，让他们接受两只脚的旅行呢？2012 年 1 月的一个寒冷的雨夜，一名 29 岁的北卡罗来纳州立大学研究生马特·托马苏洛走上了寻求答案的道路。

　　2007 年，托马苏洛移居罗利攻读景观建筑与城市规划双硕士学位。在这里他看到了一个发展迅速、高度郊区化、高度依赖汽车、拥有 425000 居民的城市。托马苏洛选择的卡梅伦村（步行度评分：80）是可以开车的社区，但他选择该社区的原因是它靠近校园且可以通过步行来满足日常需求。

　　他第一次接触战术都市主义是与同学们一起参加罗利市的停车位公园日活动。这项活动每年举办一次，活动期间，世界各地的市民支付计时停车位的费用

不是为了存放汽车，而是为了创建一个临时的微型公园。虽然公园转瞬即逝，但这种城市干预有助于人们对街道用途进行更多样化的思考，以洞鉴更多对公共空间的需求，以及汽车依赖对社会的负面影响——或者至少这些是既定的目标。

　　然而，托马苏洛发现他同学的停车位公园日并没有产生预期影响，因为它缺少了一个关键元素——路人。"我记得我曾想过，如果很少有人路过或走向公园，那么，停车位公园日甚至租赁式车位公园都没有多大意义，"[24] 托马苏洛说道。虽然他非常支持这项干预活动，但是参加停车位公园日和作为新居民四处闲逛的经历让他的脑海中再一次出现了那个老生常谈的问题：为什么人们不愿意步行呢？经过对朋友、同事、邻居和陌生人的一番调研，托马苏洛不断听到同一个回答："太远了"。

　　他不相信。当我们问到具体距离的时候，一向轻声细语的托马苏洛突然激动地回答道："简直是胡说！当时我选择住在大学和市中心中间，在一个适宜步行的历史街区，却很少有人愿意步行。他们宁愿开两分钟车，只是为了去吃晚饭。"

　　所以当回答有关人们要去哪里和要怎么去的问题时，托马苏洛画出了人们列出的热门目的地的地图。真的太远了吗？他很快发现大多数受访者都住在距离目的地不超过 15 分钟脚程的地方，其中一些甚至更近。这时他意识到：实际距离并不是问题的关键，真正的问题是人们对距离的感知。

　　尽管他知道自己无法在一夜之间永久性的改变土地利用方式、城市设计或基础设施，但他相信可以通过提供更多信息来解决人们对距离的误解。如果城市可以设置带有当地热门目的地名称的标志，指示步行方向以及普通人到达那里所需的时间会怎样？如果人们可以扫描该标志上的二维码以立即获取路线图会怎样？

　　经过一番研究，他发现罗利市的综合规划中有许多鼓励步行的政策，这完全符合托马苏洛的意图。然而，他也了解到，与市政府打交道是一个昂贵而艰辛的过程。事实上，根据托马苏洛的说法，为他设计的标志申请获得临时侵占许可证可能需要长达 9 个月的时间，并且花费超过 1000 美元，包括责任保险费用。所需的时间和金钱都是托马苏洛没有的。

　　于是，他开始思考如何在没有政府许可的情况下实施一个符合政府政策的寻路项目。在网上研究材料后，他查到了许多轻巧且廉价的"游击式寻路"标志的设计方法，这些标志的生产成本约为 300 美元，大约是审批过程成本的四分之一。他决定使用波纹状、耐候的科络普（Coroplast）标志，这些标志可以用束线带固定在电话杆或路灯杆上。托马苏洛很快就在他的笔记本电脑上设计了一个标志原型。每个标志都会告知行人和司机步行到热门目的地所需的时间。他印了 27 个标志，在他的女朋友（现在的妻子）和一个从加利福尼亚州来的朋友的帮助下，在一个雨夜走上罗利的街头将它们悬挂起来。他把这个项目称作"漫步罗利"。

"我清楚自己在做什么，"托马苏洛说，"我绝不是在故意破坏公物。我在网上阅读了其他项目的相关内容，然后意识到应该避免使用粘合剂；我们需要的是可以被轻易移除的东西。这个项目绝不能具有恶意。"提到同样非法出现在城市草地和电线杆上的房地产标识，托马苏洛说道，"它们没有提供任何公共利益，却经常持续数月放在那里。'漫步罗利'项目至少具有城市目的性，并且与城市的既定目标相一致。""我知道城市的整体规划让标志有了一些正当性，寻路系统本就是这个城市的理想元素之一。"[25]

托马苏洛同样清楚，如何传达出项目意图也十分重要。"我知道互联网在项目范围扩展上所能发挥的作用。"在悬挂标识之前，他买下了 walkraleigh.org 域名并且在 Facebook 和 Twitter 上创建了"漫步罗利"交流平台。托马苏洛知道二维码能够追踪使用标志的人数。他精心地用构图良好的高质量图片记录下了这个项目，这些图片传播到了全世界，给"漫步罗利"项目增色不少。"我们知道这些图片会帮我们讲故事，并且有望激发出一些改变。尽管，说实话，我并不知道接下来会发生什么。"

几天后，"漫步罗利"的 Facebook 网页收到了数以百计的点赞，这个故事也开始在城市规划专家的博客圈内传播开来，吸引了《大西洋城市》杂志（如今的《城市实验室》杂志）记者埃米莉·巴杰（Emily Badger）的关注。她将"漫步罗利"项目（被其戏称为"罗利城中的游击式寻路"）归为一个更大的战术都市主义项目综述中的先锋案例。她指出"这个'噱头'实际上引起了市政府官员的注意，他们可能会让这些标志永久化。这是最好的战术都市主义：一场由市民主导的短暂的冒险，其奇思妙想最终可能促进城市设施的真正改善。"[26]

当然，我们后来了解到，这个"出格的事"不是"噱头"，而是经过深思熟虑和仔细记录的干预措施，旨在激发公民的长期行为改变和城市的物理改变。"漫步罗利"是游击式的，也是自己动手做的。但最重要的是，它是战术性的。

《大西洋城市》杂志上的这篇文章引起了其他国家和国际媒体的兴趣，其中包括英国广播公司（BBC），它制作了"如何让美国人步行"的故事。这个故事的主角是米切尔·西尔弗（Mitchell Silver），他当时担任美国规划协会主席和罗利市的规划总监。托马苏洛从未见过西尔弗，但通过 Twitter 联系到西尔弗后，他才设法让西尔弗参与了 BBC 的录制。西尔弗几乎立即回复了他在 Twitter 上的消息，据报道，他重新安排了行程，以便能在城里与 BBC 会面（西尔弗后来承认，如果托马苏洛给他发了电子邮件，他不可能及时收到或回复消息）。

马特·托马苏洛悬挂"漫步 [你的城市]"标志（Matt Tomasulo）

　　西尔弗在 BBC 故事中的出现，以及对托马苏洛"非法"行为的默许，使这个故事在步行城市的倡导者中变得更加重要。它还表明，出于善意的由市民主导的行动往往会迅速获得政治支持，无论是否合法，从而带来长期变革的可能性。西尔弗的积极响应记录在埃米莉·巴杰为《大西洋城市》撰写的后续报道中。"有时会出现一些迫使你重新考虑 [法律规定] 的东西。这就是我们说的'这里发生了什么？'的一个例子，这本身不是广告。是的，你需要获得许可。但在我的有生之年，还从未见过这种程度的公民参与。"[27]

　　当新闻媒体得知标志并未得到政府方面的批准，他们不免要问，"那它们为什么还挂在那里呢？"严格意义来说，这个疑问已经成为一种正式的问责，政府不得不拆除标志，但随之而来的是罗利市民的抗议，他们坚定地表达了对标志的喜爱。政府感受到了人们日渐上升的不满情绪，迅速着手解决如何恢复这项活动。西尔弗告诉托马苏洛，市政府想要通过将该项目作为城市整体规划的"试点项目"来推进实现。受到鼓舞的托马苏洛努力争取社区支持，以便得到市议会对这项决议的通过。他再次将目光转向互联网，迅速在 signon 网站上发起了"恢复漫步罗利"的活动，以表明公众支持重新张贴这些标志。

　　在托马苏洛迅速增长的 Facebook 粉丝的推动下，请愿书在 3 天内征集到

漫步 [你的城市] 标志（Matt Tomasulo）

1255 个签名。到市议会开会时，该项目几乎已成定局。该市询问他是否愿意将这些标志捐赠给市政府，用于一个经批准的为期 3 个月的试点项目。该市正式承认该项目符合他们在综合规划中所述的目标，即增加非机动交通、加强自行车和行人基础设施，甚至扩大路标。

　　该项目在当地的成功与所获得的国际关注，使得托马苏洛的研究生导师允许他改变硕士学位毕业研究项目，以便他能够将精力集中在深化推进"漫步罗利"项目上。托马苏洛设想了一个网络平台，任何人都可以登录，定制自己的标识，并可以在几天内寄出——包括固定用的束线带。不过，他首先需要一些运作资金。

　　为了将影响力扩大到其他城市，托马苏洛将项目的名字从"漫步罗利"变为"漫步 [你的城市]"，并求助在线众筹平台 Kickstarter 来帮助筹集资金。众筹平台的工作人员相信他的项目会大放异彩，并在网站首页对其进行宣传。托马苏洛从 549 名支持者那里筹集到超过 11000 美元，这个金额是最初众筹目标 5800 美元的两倍多，且在短短的 8 天内就超过了这个最初的目标。"我们很快就筹集到了资金，主要是因为人们愿意捐出 15 美元而不求任何回报，"托马苏洛说。

　　到 2012 年 7 月，托马苏洛已经组建了一个小团队，并开始创建"漫步 [你的城市]"标志模板——一个可免费下载并提供编辑模板的测试版本。当这个项目大受欢迎后，许多人受到启发并开始创建自己的"游击式寻路"项目。众筹平台活动结束的几周后，标志复制品便出现在了新奥尔良、罗契斯特、孟菲斯、达拉斯、迈阿密及其他一些城市的街头巷尾。

　　标志模板的下载量证明其有足够的需求，社区开始要求托马苏洛和他的团队开展活动以鼓励步行。这使其更全面地建设 walkyourcity 网络平台，该平台不仅可以自定义数字标牌模板，还可以购买所需数量并在几天内将它们运送到特定地址。网站上的宣传语写着"距离并不太远"，并提供悬挂标志的案例研究、操作说明和最佳实践案例，以及一个涵盖项目和可步行城市发展总体趋势的博客。

　　迄今为止，该平台上标志模板下载量已经超过 10000 个，并被用于世界各地城市和市民主导的项目。尽管托马苏洛需要付出很大努力，还要有远见和持续的奉献精神，但他认为这是值得的。"小到只有 1500 人的社区，大到纽约市，人们都在使用这些标志，它成本低且可扩展性强，我们为此感到自豪。"随着本地活动、倡导者和项目经理开始使用该工具并跟踪数据，该平台甚至开始获得一些收入。回到罗利，北山社区已经安装了 93 个标志。在 9 个月的时间里，超过 200 人扫描了数字步行路线标志。此外，托马苏洛说，有游客和邻居告诉他，虽然他们没有扫描标志，但标志上的信息鼓励他们去步行，这是以前从未有过的体验。

　　托马苏洛的工作继续在他的第二故乡产生影响。2013 年 1 月，也就是在马特第一次悬挂标志大约 1 年后，罗利市投票通过了一项更细致的综合步行计划，其中包括批准使用"漫步罗利"标志。这种从未经批准到批准的项目轨迹，与本书和其他地方记录的由市民主导的战术都市主义项目的领先运用是一致的。

　　我们可以从"漫步 [你的城市]"案例中得到很多经验教训。托马苏洛所有工作的核心是一套低成本的基于网络的通信，以及项目创建工具，这些工具体现了激进连接的力量。因此，托马苏洛坚信应该使用便捷的线上工具来开发线下行动。托马苏洛的工作体现了通常所说的"公民技术"（civic tech），它允许人们自己实现变革，而不是通过政府。

　　托马苏洛的工作显示出了市民自主建设市政基础设施的方法，如何能够迅速影响传统的项目交付过程。同时也强调了一个观点，即如果要实施该项目且收到预期效果，并进而推广到城市的其他地方，就不能永远自己单干。

右：弗吉尼亚理工大学的学生在校园街道上添加了自己的寻路标志（Michael Kulikowski）

此外，托马苏洛的项目表明，成功的战术都市主义项目，其对过程的记录与实施同等重要。事实上，"漫步罗利"项目的一个关键是托马苏洛和他的合作者们设计的不仅仅是物理标志；他们研究并设计了一个可以增加成功机会的流程，特别是考虑到该项目最初的非法性。这个流程——研究，原型，测试，习得——是经过深思熟虑的。第 5 章会对这种方法进行更加详细的探讨，值得注意的是，在项目获得关注后，托马苏洛能够清楚地说明他出于什么原因以及怎样实施这个项目，这帮助他建立起了与市领导和工作人员之间的关系，让他们很快认识到应该将托马苏洛看作一个值得信赖和支持的市民领袖，而非一个麻烦制造者。当项目进程面临威胁时，他的网络交流平台让他能够召集越来越多的支持者。

那么，项目的下一步该怎么做呢？北美各地的城市是否会开始使用临时路标来为设立永久标志积攒资金，"漫步 [你的城市]"项目是否能带来足够的收益以供其他项目持续使用，它真的能够提高城市的可步行性吗？我们现在还无从得知。但是北卡罗来纳州的蓝十字蓝盾公司（Blue Cross Blue Shield）打赌托马苏洛是对的。2014 年初，这个医疗巨头向托马苏洛提供了足够资金用以雇用他的首位全职员工，这名员工将帮助他进一步指导这个项目在该州三个不同试点城市的实施。该公司认为这个项目能够鼓励人们增加步行时间并将其视为一项预防肥胖的措施。

虽然对其不断增长的潜力感到兴奋，但托马苏洛提醒我们："新兴的公民技术领域只有几年的历史。See.Click.Fix 项目是该领域的先驱，而如今正是一个工具与可用资源大爆炸的时代。"然而，我们都很清楚，在线网络只会变得越来越丰富，在我们的社区中，分享项目、工具和线下行动的想法的机会也正在增加。

"看到人们态度的变化，以及人们愿意承担风险，并联合起来排除障碍来让市政进程能够支持这样的项目，这真的很令人兴奋。我们只想建立一种步行文化，我们认为这将有助于改变现状。"

建设更好的街区

在官僚主义、政治胆怯或者不作为经常阻碍居住区改造项目的大环境下，生于挫败经历的"建设更好的街区"直面困难，实现不可能的目标。[28]

——帕特里克·肯尼迪（Patrick Kennedy）

项目名称：建设更好的街区：奥克利夫（Oak Cliff）

发起年份：2010

发起城市：得克萨斯州达拉斯市

领导力量：由热心市民发起，由杰森·罗伯茨（Jason Roberts）和安德鲁·霍华德（Andrew Howard）推向全国，如今风靡世界

发起目的：在一个街区内展示社区改造的所有可能性

现状："建设更好的街区"的社区复兴方法已在三大洲实践了 100 多次

　　空地，空店面，破败的建筑，空荡荡的停车场，过于宽阔的行车道：这是令人沮丧的场景，几乎在每个美国城市都能找到。尽管许多城市社区正在蓬勃发展，但也有许多街区仍没有从长达半个世纪的系统性撤资中恢复过来。高昂的建筑维修成本和与之相关的繁琐过时的市政政策条例，使得为此处的年轻人和老年人提供便利设施的愿景更难实现。这些住区往往呈现生机勃勃的动态社会结构、有趣的历史，可能还有一个光明的未来。然而，达拉斯一个社区的艺术家和活动家没有等待天使投资人或仁慈的政府机构来扮演救世主的角色，而是主动出击，用一个周末的时间为我们展示了复兴衰败社区的成果。

　　由于零售业投资减少和以汽车为导向的用地设计，位于达拉斯市中心西南 3 英里（约 4.8 公里）处的历史有轨电车社区奥克利夫内曾经繁华的泰勒街（Tyler Street）表现出了上面所描述的许多特征。因此，一位居民杰森·罗伯茨（一名音乐家转行信息技术顾问）带领一小群社区活动家决定让他们的社区重现往日辉煌。罗伯茨通过成功的宣传开始了他的城市规划工作，最终使有轨电车回到了社区，同时让曾经的克斯勒剧院（Kessler Theatre）获得了新生。然而，他认为自己面对的最大挫败并非源于个别建筑的改造或是运输方式的提升，而是源于城市对土地利用和交通运输的整体思路的失误。他认为自己与邻居们希望看到的变化是：更多的自行车基础设施、更安全的街道，以及更丰富的街头生活体验。

　　"有轨电车在 1956 年停用后，两个主要街道变为了单行道，所以零售店相比

从前降低了 50% 的获客率，这让街道成为一个不安全的高速走廊。这些街区是为人们建造的，但它们周围的环境变得不适合居住，"罗伯茨断言。他在 2010 年召集了一群志同道合的邻居们来探讨如何应对这些挑战。罗伯茨说："我们想改变这个社区，所以我和 15 个朋友聚在一起，他们主要是艺术家，在一个前几年我们帮助修复的老剧院里进行了会面。"

这个小组讨论了为了增加使街道对人们更友好的场所营造元素，他们必须克服的障碍。"为什么这些禁止人们在人行道上聚集的法令仍然存在？又或是为什么要花 1000 美金才能把花摆在人行道上？"罗伯茨质疑道。城市区域规划法要求设立离街停车场，这是一项有害但普遍存在于大多数美国城市的政策，它会导致铺设更多沥青以及增加重建成本，这往往会阻碍潜在的小企业主和企业家的投资发展兴趣。执行了近 70 年的达拉斯区域规划法已经不适合人们当今想要的生活方式。奥克利夫的经济发展会停滞不前也就不足为奇了。

"谢泼德·费尔雷（Shephard Fairey）、班克斯（Banksy）和其他一些街头艺术家的作品启发了我们，他们的作品让人们从不同的角度思考许多社会问题，"罗伯茨说，"因此我们开始进行头脑风暴，集思广益，思考如何利用高度可见的干预措施来创建自行车道、活跃的店面互动和其他我们都想要的社区设施。总的来说，我们认为一个临时的社区改善项目也许会有助于人们改变对达拉斯之前的单调印象。"[29]

这个小组一起讨论了他们喜欢的社区街区的共同点，例如在旧金山、巴黎的社区，甚至我们办公室所在的布鲁克林邓波（DUMBO）社区。"它们都有相同的组成部分——一个社区聚会场所、一个社区市场和活跃的街道。我们认为我们应该将这些特征都整合到一处达拉斯街区的街道中，从而向人们展示我们的社区可以变成什么样子。"当时的他们还不知道，"建设更好的街区"（几乎被称为"完美街区"）项目最终帮助了包括达拉斯在内的德黑兰、墨尔本和亚特兰大等城市中停滞不前的街区，让生活在那里的人们对自己的街区有了不同的看法。

这个小组使用了一种被他们称为"勒索自己"的技术，在罗伯茨撰写的一篇名为"2010 自行车友好型奥克利夫"的博客文章中，他们说明了自己的意图。文章中是这样描述他们即将完成的项目的：

作为"奥克利夫艺术蔓延"（Oak Cliff Art Crawl）活动的一部分，几个"自行车友好型奥克利夫"（BFOCers）项目和"加油奥克利夫"（Go Oak Cliff）项目正在创建一个"生活街区"艺术装置，我们要将一个分区不当，有着限制性发展条例且以汽车为中心的四车道街道，改造为一个居民友好型的社区街区。我们将仅用两天的时间，设置三家快闪店，包括一家咖啡店，一家花店和一个儿童艺术工作室，我们还将引进具有历史感的照明设施、室外咖啡座，等等。我们将与环境设计小组 Shag Carpet 一同工作，一个由艺术家、支持者和居民组成的团队也会加入进来齐心协力帮助项目顺利进行。目前，本市为开发遮阳篷、户外座椅、生活 / 工作空间等的企业设置了障碍，如果达拉斯真的想要与美国其他主要城市竞争，这项活动将强调达拉斯应该关注的变化。[30]

罗伯茨非常重视社区成员自身为其所在社区开发项目。"我们正试图消除这种只能由建筑师来完成的观念。任何人都可以创建一个伟大的地方，当把不同领域的人聚在一起时，我们会得到可能从未想到过的好主意。"[31]

按照罗伯茨的理念，为实现这一愿景而聚集起来的团队是一个多元化的团队。"有人能借到一辆工程车；有人有装饰材料，诸如具有历史感的路灯和长椅；我有朋友开了一家餐馆，我们借了他的咖啡壶；我还有一些易趣（Etsy）艺术家朋友，我们决定让他们接管一个已获得使用权的空置零售店面。我现在的生意伙伴安德鲁·霍华德听说了我们要做的事之后，主动提出帮助。我当时不知道他是一名城市规划顾问，我让他去喷涂一条自行车道，他说他一直在为客户规划设计这些，却从来没有真正动手做过一个！他创造了达拉斯第一条'纽约风格'停车—保护自行车道。"[32]

霍华德立即被这个项目所涉及的可操作的实际工作所吸引，称其为活生生的课程。"我在那里，真切地涂刷着我通常在电脑屏幕上设计的自行车道，这是一种非常不同的触觉体验，我被迷住了。"[33]

这种努力不仅可以被描述为触觉上的，而且也是战术上的。组织者认清了社区复兴工作中的阻碍，建立起街区愿景，并遵守着仅从一个城市街区入手的准则。

为了推进这个项目，这个小组需要从达拉斯市获得一个普通的特殊活动许可证。几乎每个城市都有这样的许可证，是一种允许在街道上举办街区派对、艺术节、公路赛和其他活动的通用许可。"建设更好的街区"小组在"奥克利夫艺术蔓延"活动的同时开展了这次的活动，这可以让该小组成员更容易获得活动许可，因为就该城而言，这只是另一个艺术节。然而，在这个特殊的地方，"艺术"不是在画布上，而是在提供新创建的路边停车位、人行道餐饮、人行道鲜花、停车—保护自行车道、快闪店以及其他的一些被禁止的或是难以实现的设施上。这条街道也仍然对汽车开放，尽管是以另一种形式。根据霍华德的说法，"我们想让它变得具有现实意义，以展示我们可以添加所有这些便利设施，且不会妨碍汽车通行。"

忠实于战术都市主义的精神，"建设更好的街区"团队不仅想要展示什么是可能的，还想展示这些设施是如何被城市法规规定为非法的。因此他们打印出所

达拉斯市奥克利夫的首个"建设更好的街区"项目（Team Better Block）

有在活动期间故意违反的条例和区域规划法，并且将它们展示给所有人看。这种富有创造力、智慧的形式和直接的行动有效地引起了人们对于已经实施了 70 年的市政区域规划法如何抑制了社区活力的关注。由此引发的城市领导人之间展开的对话几乎立即采取了行动，解决了过时的条例，这使得第一个"建设更好的街区"项目便大获成功。

令人印象深刻的是，它带来了项目组织者所期望的永久性变化，这个变化可能比任何人预期的都要快。根据罗伯茨的说法，"我们想要修改的那些条例已被提交市议会讨论，并且几乎立即被修改，以更好地反映我们现在的生活方式。我们还把我们建造的自行车道添加到城市的自行车规划中。然后，其中一家快闪店——一家名为'油与棉'的艺术品商店——在为期两天的活动中租用了他们居住的空地。"

"与其召开市政厅会议、研讨会和进行漫长的讨论，不如直接去出现问题的现场，然后在几天内解决问题，而不是花上几年的时间。"霍华德建议道。

最初的"建设更好的街区"项目非常成功，这使得达拉斯市很快就要求将同样的方法运用到其他需要快速复兴的地方。于是，在杰森·罗伯茨和安德鲁·霍华德的领导下，"更好街区"团队（Team Better Block）建立了。在第一个项目完成 1 年后，该团队与达拉斯市新建立的城市设计工作室合作，协助其使当时毫无生气的市政厅广场焕发新生。为了了解如何复兴这样一个设计不佳的公共空间，罗伯茨和霍华德借鉴了著名的公共空间专家威廉·怀特（William "Holly" Whyte）1983 年对同一空间做出的规划。尽管几乎没有任何建议得到实施，但他们发现其中一些建议适用于他们在城市其他地方使用的那种临时创业活动和物理设计干预。

有了这些信息，在第一个示范项目成功后（该项目变成了每月一次的活动），罗伯茨和霍华德与市政府官员合作创建了生活广场（Living Plaza）项目。该市

左：亚特兰大市正在进行的"建设更好的街区"项目（亚特兰大区域委员会）

的网站称其旨在"让城市工作人员参与有关城市化的讨论，并展示出色的公共空间如何提高生活质量、改善城市安全和刺激经济。"[34] 该项目还让周边社区参与进来，包括邀请有抱负的企业家在达拉斯市中心测试他们的想法，然后再提交相应的商业许可文件和租赁承诺。

达拉斯市鼓励这种低成本和低门槛的测试应该受到赞扬，其他城市应该考虑效仿这种做法，这种做法源于"建设更好的街区"中使用的方法，即简单的实时测试想法。

"建设更好的街区"项目在当地产生了立竿见影的影响，然而，真正让这个理念传播给世界各地的城市规划师的却是一篇《休斯敦纪事报》（*Houston Chronicle*）的报道[35] 以及一段 Youtube 视频[36]。首个"建设更好的街区"项目的派生项目仅在几个月后（2010 年 10 月）就出现在了附近的沃斯堡（Fort Worth）。在得到罗伯茨的建议后，该市的倡导者试图改善南大街大部分空置且过于宽阔的街区，重点是展示一条更窄、更安全的街道，同时还将路边店面活动带到通常什么都没有的地方。

沃思堡市政府并不是最初项目的合作伙伴，但他们对这些变化印象深刻，以至于采取行动将项目的一些元素永久化。更具体来说，这些在南大街上增设的临时自行车道曾是城市自行车规划的一部分，但此前并没有实施，因为这条道路是在不通人情的得克萨斯州交通部的管辖之下。"建设更好的街区"项目通过一个临时自行车道强调了其价值与机遇，这激励了城市从州政府那里拿回了路权。两周后临时行车道变成了永久车道。正如罗伯茨所说，在正常的项目实施过程中，"绝不会这么快就获得那些自行车设施。"[37]

注重实效的罗伯茨坚信，"建设更好的街区"项目技术应该是开源的，是一种有助于帮助各地社区复兴的工具，无论他和霍华德是否参与其中。这种方法已经激励了全球超过 100 个"建设更好的街区"项目，这些项目可以在 betterblock 网站上进行跟踪。

鉴于他们的许多努力都取得了成功，霍华德和罗伯茨（他们已经开始为全国各地的城市和组织作咨询）在 2012 年重新审视了几个早期项目，发现其中大多数项目几乎立即改变了当地的区域规划法，这与团队最初在达拉斯的成果相一致。多年后，"更好街区"团队的工作继续激发着政策的变革。在弗吉尼亚州诺福克（Norfolk）首次实践后，该市迅速采取行动，对区域规划条例进行了修改，使临时建造的环境合法化，并在未来将其永久化。根据罗伯茨的说法，"那是两周后的事情了。"

霍华德和罗伯茨的"建设更好的街区"项目是从一些先驱项目中汲取了灵感。例如，1942 年《亚特兰大世界日报》刊登了一篇名为"更好街区的驱动器启动了"的文章，文章写道亚特兰大城市联盟正在发起一项名为"更好的街区"

达拉斯市政厅的生活广场项目
（Patrick McDonnell/Friends of
Living Plaza）

项目来"通过支持及确保社区居民积极参与其中以达到培养社区意识的目的。"[38]
该项目强调了当地居民提出常见问题并共同讨论解决方案的重要性。拥有 4 个
街区的老第四区（Old Fourth Ward）社区被定为改善对象。如果出席的居民承
诺第二周返回的话，花园种子就会分发给他们。

　　26 年后的 1968 年，纽约市与百时美施贵宝公司（Bristol-Myers Squibb Cor-
poration）合作，帮助 500 多个社区倡导团体参与"更好的街区行动"（Operation
Better Block）。百时美施贵宝公司公共关系总监表示："我们坚信私营企业、市政
府和社区居民的合作可以为建设我们的城市做出巨大贡献，使它成为一个更适合
居住和生活的地方。""更好的街区行动"的既定目标是让当地居民"寻求、发展
和保留'社区'的感觉和意识"，而这些只能通过"富有创造性、想象力且愿意
共同努力的居民自身"[39] 来实现。

　　受到纽约的启发，匹兹堡于 1971 年建立了自己的"更好的街区行动"计划。
该计划旨在帮助霍姆伍德（Homewood）社区居民在经历了一个特别漫长的冬季
后得到恢复。这个冬天破坏了社区的景观绿化、人行道和其他设施。在每个街区
的居民按重要性顺序列出他们认为美化街区的必要优先事项后，居民们就会收到
改善该地区的启动资金。这些优先事项包括"种植灌木丛和树木、个人住宅照明、
小型儿童游戏场、街道照明、拆除破旧建筑物，以及定期清扫街道。"[40]

　　尽管我们对这些早期项目的结果所知甚少，但如今的项目却继续对政策与实
体改进产生永久变革。尽管难以衡量，但与之同样重要的是在项目规划与实施过
程中所建立起的人际关系与社会网络。这种社会资源的开发源于许多类型的战术
都市主义项目都需要其项目组织者向他人寻求帮助：使用空置的建筑与地块、捐
赠工具，以及借用材料等，都需要利用现有的，或是建立新的人际关系。这一过
程的经济成果可能是惊人的，问问田纳西州的孟菲斯就知道了。

4.2　田纳西州孟菲斯市：灵感来自建设更好的街区项目

2010 年 10 月，在达拉斯首个"建设更好的街区"项目结束的几个月后，布罗德大街艺术联盟（Broad Avenue Arts Alliance）、宜居孟菲斯（Livable Memphis）和其他一些社区倡议组织聚集在宾汉普顿（Binghampton）社区为发展停滞的布罗德大街走廊规划一个相似却规模更大的自发活动。

布罗德大街是一条被遗忘的主要街道，2005 年左右，孟菲斯市政府开始对其进行规划援助，希望能让它恢复生机。2006 年的一次研讨会将社区聚集在一起，激发了对该地区振兴计划的支持，但随着经济陷入混乱，城市资源愈加受限后，该势头便停止了。

一个当地的社区与倡议团队运用"建设更好的街区"项目的方法合作启动了该地区的复兴工作。在与安德鲁·霍华德和杰森·罗伯茨交谈之后，他们从一些私人和企业那里筹集了 2.5 万美元作为"老布罗德的新面孔"（A New Face for an Old Broad）活动的资金。一位当地画廊老板帕特·布朗（Pat Brown）成为复兴工作的关键人物，他和"宜居孟菲斯"项目的莎拉·纽斯托克（Sarah Newstok）指出，2.5 万美元中的很大一部分用于空地的临时电力供应以及聘请参与该项目的艺术家和音乐家上（在孟菲斯，支持艺术事业是一件大事）。其成果包括由当地一所学校的学生喷涂的人行横道，由孟菲斯的 13 家企业经营的 6 个快闪店，以及在布罗德大街的 3 个街区使用斜角停车场和临时停车——保护自行车道来实施"道路瘦身"（road diet）计划。

接下来发生的事情超出了所有人的预期。他们仅仅通过 Facebook 推广该活动，就吸引了超过 1.5 万人来参加为期两天的示范活动，随后便掀起了对布罗德大街历史艺术区（Historic Broad Avenue Arts District）的再投资热潮。在撰写本书时，耗资 2.5 万美元的"老布罗德的新面孔"活动已促成超过 2000 万美元的私人投资，用于翻修布罗德大街沿线的 29 处房产，并启动 25 家新企业。它使该地区重新成为城市的集体意识，成为理想的目的地。

临时自行车道和斜角停车位原本打算维持一个周末，但被永久保留下来了，这证明了更适合行人与自行车的街道布局的存在价值。后来，该市开始缩小街道，并增加了一条自行车道，以更正式地将社区与城市绿线连接起来。

左：田纳西州孟菲斯市宾汉普顿社区举行的"老布罗德的新面孔"活动

在宾汉普顿举行的"老布罗德的新面孔"活动之后，临时自行车道和斜角停车场依然存在（Mike Lydon）

　　帕特·布朗在接受《孟菲斯每日新闻》采访时指出："如果能看到、触摸和品尝未来，我们任何人都能更容易想象出未来的样子。我们希望人们能亲身体验，而不是只看一张纸。"[a]

　　这个项目将该市一个较贫穷的社区与一些最好的公园空间连接起来，吸引了该市、当地基金会和全国性组织 People for Bikes 的额外投资和支持。然而，到 2013 年，仍然存在 7.5 万美元的项目融资缺口。因此，"宜居孟菲斯"求助于 ioby[①] 来填补预算缺口。几周之内，该项目就超额完成了筹款目标。根据 ioby 的说法，该项目的大多数捐助者居住在距离现在被称为"汉普线"（The Hampline）的 4 英里（约 6.4 公里）以内的地方，人均捐款仅为 57 美元。

---

① ioby 是一个位于美国的公民众筹平台，由一个非营利性的 5013 组织运营；它于 2007 年成立，并于 2009 年 4 月推出测试版。——译者注

孟菲斯市长沃顿（A. C. Wharton）决定在"老布罗德的新面孔"活动成功的基础上再接再厉，2012 年，由彭博慈善基金会（Bloomberg Philanthropies）拨款，专门用于创建一支市长创新实践团队，以进一步应用战术都市主义来复兴城市的核心社区。宣言变成了"清理它，激活它，坚持下去"。由该倡议开发的项目包括 MEMFix 和 MEMShop，它们利用一些短期活动，例如"建设更好的街区"的活动，以及快闪零售策略来快速启动社区的复兴。

沃顿市长说得对："很多时候，城市只指望大预算项目来复兴社区，这样的项目实在太少了。我们希望在整个城市鼓励小型、低风险、由社区驱动的改进，这些改进可以累积成更大的、长期的变化。"

我们对此相信并支持。

---

a. Jonathan Devin，"Broad Ambitions，"Memphis Daily News，http：//www.memphisdailynews.com/editorial/ArticleEmail .aspx?id=54312.

车位公园营造：快闪式、租赁式、移动式停车位公园

项目名称：停车位公园日

发起年份：2005

发起城市：加利福尼亚州旧金山市

领导力量：Rebar 工作室、市民、倡导团体、商业促进区（BIDs）、市政规划部门

目的：将未充分利用的车辆使用空间变为可用的公共空间

现状：2009—2014 年，旧金山市实施了 40 多个单独设计的租赁式车位公园。

如今全世界有超过 85% 的人口生活在城市中心，为城市居民提供开放公共空间的需求也一如既往的迫切。数据显示，公园和开放空间为居民提供了切实的经济、健康甚至幸福收益。公共土地信托基金（Trust for Public Land）最近进行的一项研究表明，在众多因素中，纽约长岛的开放空间帮助"将附近住宅物业的价值提高了 51.8 亿美元（2009 年），并使财产税收入每年增加 5820 万美元。"[41]

然而，尽管公园及其他公共空间对市民的健康和社会有明显益处，对城市也有经济价值，许多地区却依旧难以为居民提供足够的开放空间，尤其是在一些低收入地区。例如，迈阿密在人均开放空间的数量上落后于大多数美国相同规模的城市（每 1000 居民仅有 2.8 英亩，不到全美平均值 12.4 英亩的四分之一）。[42] 与此同时，市中心的停车位却从未如此充足。一项研究估计，全美可能有超过 20 亿个街边和离街停车位，这相当于每辆车大约有 8 个车位！[43]

不幸的是，这种 19 世纪中后期由像奥姆斯特德这样的人所构想的大型开放空间规划如今极其少见，这既是因为政府财政预算捉襟见肘，也是因为城市中心未开发的土地不可多得。日益增长的需求与土地和资源稀缺之间的紧张关系催生了一类战术干预措施，将停车位和未充分利用的路面转变为用作公共聚会和娱乐空间的小型开放空间。通过租赁式、移动式、快闪式车位或人行道路面转化为迷你公园，美国各地的人们正在寻找新的方法来回收公共道路上的空间，并对其进行调整以满足人们对开放空间的需求。

租赁式车位公园（parklet）提供了景观美化和小型聚集区域，从而取代以前的路边停车位。它们为企业或组织在公共空间有限但人流密集的区域提供了尝试建造公园的机会。由于它们的规模小且相对成本较低，即使是那些安装在较温暖的城市全年使用的设备，如果需要，也可以被视为临时干预措施。如果小公园未充分使用或维护不善，则可以快速且廉价地拆卸它。在最坏的情况下，失败的经

费城的租赁式车位
公园（Conrad Erb）

验也有助于获得最佳实践数据，帮助该城市避免在未来做出错误决策，设备也可以在其他地方重新组装，为更适合它的地方带来好处。

　　租赁式车位公园的类型和质量也各不相同，从临时的草地迷你公园到带有自行车停放处、公共艺术、长凳、桌子、椅子甚至健身器材的可移动半永久性木质平台。它们的典型特征是与人行道相邻，并且能够延伸人行道的社交生活。[44] 与开放街道倡议的目标类似，租赁式车位公园旨在鼓励行人活动和非机动车通行，增加邻里互动和发展社会资本，并增加该地区的经济活动。[45] 他们的目的不是取代大型城市公园，而是作为城市中可访问的开放空间的一种替代选择，以扩大传统公园。鉴于在密集的城市环境中迫切需要更多开放空间，4 个人均开放空间较低的顶级城市（纽约、芝加哥、旧金山和波士顿）率先实施了小公园计划，以补充原本排名很高的传统公园和开放空间系统。

　　第一个当代租赁式车位公园，虽然还处于测试阶段，被认为创始于 2005 年，出自位于旧金山的 Rebar 艺术设计工作室。然而，很少有人知道的是早在 2001 年的安大略省汉密尔顿就举行了停车场收费表派对（Parking Meter Parties）。当地的活动人士占领了有收费表的停车位，并要求市民"带上你的乐器、防毒面具（用于烟雾）、横幅、标志、自行车，轮滑鞋、轮椅、厨房水槽，为实现无车的未来铺平道路。"[46]尚不清楚这项早期活动是否启发并影响了 Rebar 工作室的停车位公园日活动。

　　不同于战术都市主义中的一种常见做法——打破规则，并在"事后请求原谅"，Rebar 工作室使用了另一种常见策略：他们利用了系统中的漏洞。

旧金山的第一个停车位公园日　　　　　　　　　旧金山诺列加（Noriega）街的租赁式车位公园
（项目及图片来自 Rebar Group）　　　　　　　　（项目及图片来自 Rebar Group）

　　据传，2005 年，旧金山设计公司 Rebar 工作室的两位领导在午餐时间走到外面，穿过马路，开始在一个计时停车位上设置迷你公园。他们放了一张长凳，铺了一些草皮，然后躲进了一棵树的绿荫下。瞧！一个计时停车位现在变成了一个临时公园。当计价员问他们在做什么时，他们指出已经缴费，并且只占用了他们所租用的空间。[47]"当计费表到时间时，我们卷起草皮，收拾好长凳和树，把这一小块地方清扫了一下，然后离开了，"负责人布莱恩·默克（Blaine Merker）说道。[48] Rebar 工作室没有采用战术都市主义中的常见做法——打破规则并在"事后请求原谅"，而是使用了另一种常见策略：他们利用了系统中的漏洞。哪里都没有说只要交了停车费就不能把这个地方当公园用。根据负责人布莱恩·默克的说法，"我们事先做了研究，所以我们知道……我们没有违法。我们知道我们在合法使用……利用法律的漏洞……表明观点。"[49]

　　这种战术干预措施被命名为"停车位公园日"，几周内，活动的初始照片就传遍了网络。Rebar 工作室开始处理数十个在其他城市创建停车位公园日项目的请求。"我们没有复制相同的设计，而是决定将该项目作为一个'开源'项目进行推广，并制定了一个操作手册，让人们能够在没有 Rebar 工作室积极参与的情况下创建自己的公园。"[50]

　　剩下的，正如他们所说，就是历史了。几年后，旧金山市开始实施 Rebar 工作室设想的从停车场到公园的转变，与当地企业和业主合作，推出了如今闻名遐迩的公园项目。尽管旧金山面临挑战，但倡导者和城市规划者在其他不那么进步的环境中提出的问题是，如何在其他地方利用停车位公园日的精神来创造旧金山现在所见规模的长期变化。

右：旧金山诺列加街的租赁式车位公园（照片 ©Wells Campbell Photography）

PUBLIC PARKLET
ALL SEATING IS OPEN TO THE PUBLIC

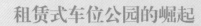

4.3　租赁式车位公园的崛起

目前，停车位公园日是在每年 9 月的第三个星期五在全球数百个城市定期举办的活动。这种对战术都市主义的适度庆祝激发了许多派生项目和永久性试点公园的设计建设。旧金山市在其"从人行道到公园"计划中借鉴了这种租赁式车位公园的思路，该计划回收了未充分利用的街道空间，并将其转变为低成本的公共广场和公园。[a] 旧金山还编制了官方的旧金山"从人行道到公园手册"，作为一个视觉上令人愉悦且易于操作的指南刊物，用于设计经批准的公园空间。指南中提醒人们，这些租赁式车位公园是公共的，欢迎任何路人使用，无论路过它的人是意欲购物、就餐还是光顾附近的企业。

旧金山现在有 40 多个租赁式车位公园，还有更多正在提议或正在审批中。这个计划随后启发了许多城市，从费城到密歇根州的大急流城（Grand Rapids），启发他们开发自己的类似项目。

例如，在纽约市，当曼哈顿下城的一群企业主致函交通部，请求允许他们在其企业附近的停车位上建造公共座位时，租赁式车位公园首次在曼哈顿得以试行。依照城市指南的定义，人行道过于狭窄，不能建造传统的人行道咖啡座。该市政府与这些企业合作，并听取了旧金山规划师的实施建议，这些规划师已经成功在旧金山设置了这些迷你租赁式车位公园。第一家"快闪咖啡馆"于 2010 年在曼哈顿下城的珍珠街（Pearl Street）安装。[b] 交通部的一位城市规划师爱德华·雅诺夫（Edward Janoff）解释说："这些迷你公园非常符合该市所强调的：城市街道不需要一直以同样的方式运行。不要仅仅因为街道是用混凝土和沥青设计的，就把它只用于（交通）一件事。街道有时可用于行车，有时可以走路或者就坐；它的用途可以是多样且灵活的。"[c]

每个永久性迷你停车位公园的估计成本因城市而异，最高可达 2 万美元，其中包括许多许可证费和更换电表的成本。[d] 纽约市和洛杉矶都提供设计示意图，以抵消企业的设计成本。与任何经批准的路权设施一样，这些迷你公园需要申请每个城市特有的许可证、设计指南、社区批准步骤和责任保险条款。

左上：移动式车位公园交付（CMG LandscapeArchitecture 项目，JulioDuffoo 供图）
左下：使用中的移动式车位公园（项目和图片来自 CMG Landscape Architecture）

租赁式车位公园的一个引人注目的派生物是移动式车位公园（parkmobile），2011 年在旧金山耶尔巴布埃纳福利区（Yerba Buena Benefit District）首次提出。移动式车位公园是由建筑垃圾箱改装成的小型绿色城市绿岛。当然，移动式车位公园从来不是为了处理固体废物，而是作为公共设施供整个地区使用。其创造性地利用了城市许可证允许将垃圾箱放置在路边停车位 6 个月的规定，在停满 6 个月之后再转移到其他地方。这种"许可证黑客"被认为是在完成一项十年战略计划后带来直接（和移动）利益的一种方式，支持者称之为"耶尔巴布埃纳区下一代公共空间的愿景和路线图"。该战略计划包括 36 个项目，由 CMG 景观建筑公司牵头，涉及整个地区的社区居民和企业。其他举措包括人行道拓宽、中间街区十字路口规划，以及将小巷临时改建成广场或共享街道。

鉴于该市的许可规定，移动式车位公园每 6 个月需要在附近移动一次，这不仅创造了更具活力的街景，而且还将它的好处（绿化、座椅）带到社区的不同地方。在这个过程中，它强调了提高行人愉悦体验的重要性，并认识到植被和座椅在为人们创造有吸引力的环境方面的重要性。该倡议向旧金山的传统致敬，即以小而流动的方式改善更大的城市街道景观。[e]

租赁式车位公园的故事展示了好的想法在城市之间传播的多么迅速。正如旧金山市交通局局长埃德·雷斯金（Ed Reiskin）所说："我认为当珍妮特 [萨迪克汗] 来告诉我们她在纽约的做法时，我们的思维就随之拓展了，我们意识到有很多种方法可以实现这种通行权的改造，其中一些方法，例如街道广场，然后是车位公园，可以更快、更容易地完成，并有助于为未来的长期永久性工作播下种子。"[f]

---

a. UCLA Toolkit，"Reclaiming the Right-of-Way: A Toolkit for Creating and Implementing Parklets，" UCLA Complete Streets Initiative，September 2012，Luskin School of Public Affairs.

b. Ibid.

c. Ibid.

d. Ibid.

e. "Parkmobles，" Conger Moss Buillard: Landscape Architecture，http://www.cmgsite.com/projects/park-mobles/.

f. Mariko Mura Davidson，"Tactical Urbanism，Public Policy Re- form，and 'Innovation Spotting' by Government: From Park（ing）Day to San Francisco's Parklet Program，" Bachelor's thesis，Saint Mary's College of California，2004，http://dspace.mit.edu /bitstream/handle/1721.1/81628/859158960.

pdf?se- quence=1. Robin Abad Ocubillo，"Experimenting with the Margin：Parklets and Plazas as Cata-lysts in Community and Government，" Thesis，USC School of Architecture，University of Southern California，2012，http：//issuu.com/robin.abad /docs/experimentingwiththemargin_abadocubillo2012；Peter Cavagnaro，"Q & A：Bonnie Ora Sherk and the Performance of Being，" Nabeel Hamdi，Small Change：About the Art of Practice and the Limits of Planning in Cities（London：Earthscan）；Jeffrey Hou，Insurgent Public Space：DIY Urbanism and the Remaking of Contemporary Cities（Florence，KY：Routledge，2010）；Parklet Impact Study：The Influence of Parklets on Pedestrian Traffic，Behav-ior，and Perception in San Francisco，April–August，2011，San Francisco Great Streets Project（2011），San Francisco，CA.

海滨大道和停车位公园日在迈阿密的影响

在过去的十年里，迈阿密市中心的部分地区随着住宅的增长而蓬勃发展，将一个 60 年来没有发展的朝九晚五的死气沉沉的环境转变为一个充满活力、人流密集的城市社区。这种增长无疑改变了这座城市，但也暴露了两个根本性的空间问题：可用和可进入的开放空间稀缺，而迅猛的发展并未使城市核心区周围的社区受益。

这两个问题集中出现在一个叫奥姆尼 / 西公园（Omni/Park West）的社区，它毗邻迈阿密市中心的北部边缘地带。这块地是空地，土地投机者持有地面停车场，在开发热潮期间，这个社区似乎被忽略了。然而，由于其交通便利且靠近比斯坎湾（Biscayne Bay）和市中心，它经历几个街区外的投资活动只是时间问题。但市民和当地倡导者厌倦了等待，转而采用战术都市主义来对抗城市空间的衰败，同时满足对开放空间的需求。每一项干预措施都受到了之前的实践案例的启发，强调了为不断增长的市中心人口提供更多公园空间的短期需求。

这些行动的领导者之一是一位名叫布拉德·诺夫勒（Brad Knoefler）的开发商兼活动家，他是一位来自纽约的退休对冲基金经理。在 20 世纪 90 年代末移居迈阿密之前，他在欧洲生活了多年，他将自己在紧凑型、适宜步行的都市主义方面的经验带到了这座城市，并在 21 世纪头十年的大部分时间里通过投资迈阿密市周围的一系列小型历史建筑来尝试开发，包括标志性的铜通（Coppertone）大楼和奥姆尼 / 西公园社区的盛大中央大楼（Grand Central）。

诺夫勒的开发方法不仅停留在房地产领域。对于诺夫勒来说，社区必须与建筑物携手并进，一起改善，才能真正取得成功。事实上，诺夫勒以运用一系列创造性的"自己动手"的策略来吸引人们对衰败的城市空间的关注而闻名，其中包括著名的"杂草轰炸"（weed bombing），即喷涂杂草以引起人们对被忽略事物的关注。

另一个体现诺夫勒公民本能的例子，是他改造前迈阿密竞技场遗址的想法，该场馆于 2008 年被拆除。这个占地 5 英亩（约 2 公顷）的场地离比斯坎大道（Biscayne Boulevard）仅几个街区，正对着诺夫勒在盛大中央大楼的公寓。与附近的许多场地一样，业主无意在短期内进行建设，并在拆除后的两年内在现场留下成堆的瓦砾。通过观察，诺夫勒看到了该地点成为一个面积开阔且满足社区需求的公园的巨大潜力。

旧日的迈阿密竞技场场地
（Brad Knoefler）

　　诺夫勒继续着社区的改善工作，并在 2011 年与街道计划（Street Plans）合作，在迈哈密的老竞技场前举办了停车位公园日活动。位置的选择并不是随机的，这次活动的目的是在全市范围内引发一场对话。该活动取得了巨大成功，有数百名居民和当地利益相关者参加。社区的反应进一步催化了诺夫勒的愿景——将空荡荡的竞技场地块变成一个公园，供所有人享受。

　　充满激情且不知疲倦的诺夫勒开始研究如何实现他的公园改造计划，并将其命名为大中央公园（Grand Central Park）。他与纽约的景观建筑公司 LOCAL 合作，由该公司提供无偿设计和规划服务，使用廉价的热塑性路面材料和丰富的本地树木和景观来设计建造公园。除了美化景观，诺夫勒和他的团队还必须弄清楚如何清理现场的瓦砾，这可不是一件容易的事。

　　诺夫勒说服迈阿密市政府该项目是一个好主意，并获得了土地所有者的许可，可以租用该场地，直到开发商选择继续推进建设计划为止。诺夫勒面临的挑战是弄清楚如何从这个快闪公园中获得足够的收入，以支付他承诺的巨额租赁费用。

　　该公园计划持续了两年，之后被卖给了新的开发商，大中央公园也遭到拆解。然而，就在这两年里，这座公园却因许多成功举办的备受瞩目的活动而活跃起来，这帮助诺夫勒承担了部分成本。虽然这个临时公园从未成为永久性公园，但它确实在几年时间里改善了周边社区的条件。尽管被驱逐，但公园的残余物仍然存在，比以前的一堆瓦砾更适合发展。

　　大中央公园并不是唯一一个在迈阿密停车位公园日影响下成型的项目。这座城市推出了自己的公园营造计划，当地的一位城市规划师受到启发，将快闪式临时公园的想法带到了迈阿密的比斯坎大道。

迈阿密大中央公园的植树活动（Local Office Landscape and Urban Design）

在大中央公园以东的三个街区处是比斯坎大道。这条宏伟的棕榈树林荫大道建于 1926 年，随着时间的推移，它变成了一条八车道的公路。同样的纪念碑和棕榈树仍然保留着，但遗憾的是，这些道路将迈阿密市中心与该市最著名的开放空间比斯坎公园隔开，使它们与周围的停车场和臃肿的道路相形见绌。

随后的计划是将走廊恢复到原来的宏大，包括市中心发展局（DDA）2009年的市中心总体规划。然而，直到 2011 年，当地城市规划师拉尔夫·罗萨多（Ralph Rosado）受到战术都市主义停车位公园日和大中央公园的启发，这些计划才得以实施。他对停车位公园日背后的想法表示赞同，同时他想利用租赁式车位公园的理念来制定一种紧急策略，以实现比斯坎大道更持久的转型。在他的工作中，罗萨多遇到了市中心发展局将中部位置改造为欧式风格的兰布拉大街（ramblas）计划。因此，海滨大道（Bayfront Parkway）计划应运而生。

与之前的规划一样，市中心发展局的愿景是在传统的规划范式下制定的，其中包含一系列经济和政治资源还毫无着落的大型项目。该规划包括将林荫大道中间 100 英尺宽的停车场改造成公园空间，这需要协调各种相互竞争的利益，还要从停车场的管理机构迈阿密停车管理局购买或租赁土地。

初步估计，包括 600 个停车位在内的这 6 个停车场的年收入约为 700 万美元，

迈阿密大中央公园夜景（Local Office Landscape and Urban Design，Derek Cole 摄）

更不用说公园的建设，可能会高达数百万美元。尽管许多民选官员赞赏该场地的发展愿景，但很少有人有政治意愿牺牲这 700 万美元的停车场年收入。

为寻求对该项目的支持和共同管理，罗萨多与街道计划（Street Plans）合作实施海滨大道计划，希望它能产生立竿见影的效果，为永久性的改造提供基础。

我们一起起草了一份计划，在 6 个停车场中选择一个来尝试做快闪公园。他们选择了最靠近新住宅塔楼群的街区，并从迈阿密基金会和迈阿密－戴德文化事务资助计划（Miami-Dade Cultural Affairs Grant program）等各种机构筹集了 1 万美元，其中大部分钱用于从迈阿密停车管理局租用 1 周的停车位。他们采用接受实物捐赠的方式，从草到椅子再到雨伞（活动后所有东西都会被捐赠或归还）都可以加以利用。并与当地消防部门联动，安排每天早上用消防车给草地浇水。所有这些都是用一个总体规划和一个为期一周的研讨会的一小部分成本完成的。

他们成立了一个指导委员会来指导该项目，其中包括当地建筑师、城市规划师和艺术家。指导委员会聚集在一起分配任务，确保资源合理分配，他们最重要的任务是建立一个更广泛的群体，可以利用他们自己的网络来推广项目，但这也让他们觉得，公园的潜在成功与他们息息相关，这是建立长期支持和政治意愿的

海滨大道改造前（Ana Bikic/The Street Plans Collaborative）

明智策略。指导委员会请当地知名艺术家理查德·盖姆森（Richard Gamson）为活动设计标志和宣传材料，并聘请摄影师安娜·比基奇（Ana Bikic）记录活动，包括从设置到拆除的全过程。

一旦清除了租用场地的障碍，委员会就需要以申请特殊活动许可证的形式获得举办为期一周的活动的批准，该许可证为其他各种活动提供了一揽子的政策支持。

项目组预留了1天的安装时间和1天的清理时间，剩下的5天用于开放空间的规划设计。合作伙伴正在排队参加，并提供了各种各样的节目，从福音表演到食品卡车，再到在公园举行的戏剧课。

该项目取得了巨大的成功：得到了数千名游客的支持，包括数百名对市中心发展局提案一无所知的当地居民，这表明是时候永久改造路中央的停车场了。许多公职人员在公园公开露面以示支持。在活动期间，参观者常问的一个问题是，"这是永久性的吗？"哀叹该项目被取消的信件涌入了市专员的办公室，使这个项目的影响力达到预期效果，成为几个理想结果的其中一个。

自干预以来，市中心发展局一直在制定空间走廊计划，为关闭停车场提供了许多选择。他们与市长和其他利益相关者合作，开始与佛罗里达州交通部就重新

海滨大道改造后（Ana Bikic/The Street Plans Collaborative）

设计街道进行谈判，包括路边停车、低速设计、更少的车道，以及步行环境的改善和骑行道的人行横道等的改造设计。最近，市中心发展局一致通过了一项设计计划，一旦落实了实施资金，这些项目将成为未来设计的基础。

尽管该项目作为一项可供其他城市参考的城市停车场改造潜在战略登上了全国头条，其长期影响还有待观察。该项目最大的成功之一不在于对林荫大道本身的改造，而是合作组织之一迈阿密基金会的转变。这是该基金会第一次为以公共空间为导向的项目进行拨款，这促使他们在 2013 年创办了公共空间挑战赛（Public Space Challenge）。尽管该比赛本身不以战术都市主义为主题，但比赛每年向 15 个胜出的开放空间项目拨款 20 万美元，这模糊了经批准和未经批准的改造行为之间的界限。在短短两年的时间里，该比赛帮助催生了十几个富有创意的、低成本的公共空间干预实践，其中包括海滨大道改造得以长期延续的更成功的转变——农贸市场。

迈阿密的租赁式车位公园和公园营建的故事仍在继续，但思想的相互融合是战术都市主义故事的核心。随着思路和新主意从一个城市传播到另一个城市，进而在一个城市内部传播，自下而上的由公民主导的行动逐步深入；即使在最具挑战性的环境中，他们也有能力做出努力，最终在根本上推进制度更新。

从街道到城市广场

直到几年前，我们的街道看起来和 50 年前没什么两样。50 年内都没有更新不是什么好事情！我们正在更新我们的街道，以反映人们现在的生活方式。我们正在为人们设计一个城市，而不是为车辆设计一个城市。[51]

——珍妮特·萨迪克-汗，纽约市交通局前局长

项目名称：纽约市广场计划

发起年份：2007

发起城市：纽约市

领导力量：纽约市交通局、商业发展区

发起目的：将未充分利用的沥青空间改造为充满活力的社会公共空间

现状：2007—2014 年，纽约市交通局新建了 59 个新的公共广场，并使用临时材料改造了 39 英亩（15.8 公顷）的沥青铺面[52]

2009 年，时代广场使用折叠草坪椅和橙色交通桶，实行了一个周末的改造，这在本书开篇有所介绍。你可能想知道临时改造在周末之后持续了多长时间。也许你会猜测所有的临时椅子都被偷了；或者此项目给已经很拥挤的曼哈顿中城造成了更大的不利，肯定会使该项目陷入瘫痪；或者，一群店主、出租车司机和送货员会与公司高管和剧院老板联手，谴责在所谓的"世界十字路口"缺乏路边人行通道空间。当然，你一定认为以上问题毫无疑问会令不少人担忧，因此，这种在纽约市增加公共空间的新颖实践的反对声音也一定不会少，对吗？

错了。

截至 2014 年夏季，百老汇 5 个街区中的 2 个正在建设成为永久的公共广场。剩下的 3 个街区将在 2015 年完成改造。这些项目是一个名为"畅行市中心"（Greenlight for Midtown）的大型项目的成果，该项目使用临时材料将百老汇沿线从中央公园到联合广场的两条车道改造成公共广场和交通分隔的自行车道。自 2009 年 5 月以来，百老汇途径达菲广场、时代广场和先驱广场的部分路段已禁止汽车通行，但跨城车辆除外。

"畅行市中心"项目旨在重新利用 20 万平方英尺的新公共空间（约 1.9 万平方米，大概有 3.5 个足球场的大小），并作为一个为期 6 个月的试点项目在 2009 年夏季和秋季进行最终评估。[53] 带伞的可移动桌椅被放置在广场之上，还有廉价

What's Going On Here ?

This project is being brought to you by:
The City of New York
and Construction

The name of this project is:
Reconstruction of
T...

Project # IWMP20 2

时代广场永久性改造正在进行中（Mike Lydon）

但有弹性的塑料花盆，充满了绿色植物，由当地商业促进区（BIDs）负责维护，包括时代广场联盟（Times Square Alliance）、第 34 街合作组织（34th Street Partnership）和熨斗—第 23 街合作组织（Flatiron–23rd Street Partnership）。这些组织随后开始通过各种社会、文化和艺术项目来激活这些被回收的空间。

　　至于时代广场的折叠草坪椅，它们一直被放置到 2009 年 8 月后才被回收用于一个公共艺术项目或赠送给想要它们作为纪念品的人。取而代之的是更耐用，且价格依然便宜的可折叠桌椅。时代广场联盟主席蒂姆·汤普金斯（Tim Tompkins）满怀深情地谈到这些故意设计得很俗气的椅子时说："大家用脚和屁股投票，就坐在椅子上。这些椅子的服务精神令人钦佩，而且充满热情。" 54

　　纽约交通局意识到，仅凭人们对市中心新公共空间的最初兴趣，不足以使其获得长期广泛的政治和公众支持，于是开始衡量该项目试点阶段的影响。通过车辆事故统计数据和出租车载 GPS 装置提供的数据，交通局发现，不仅市中心不再那么拥挤，出行时间也被缩短，而且司机和乘客的受伤人数减少了 63%，行人受伤人数减少了 35%。55 他们发现时代广场的人流量增长了 11%，先驱广场人流

无车的海诺德广场（Herald Square）是"畅行市中心"项目中用临时材料营造的众多公共空间之一（Mike Lydon）

增长了 6%，预计零售额也相应增加。

在取得积极成果后，市长迈克尔·布隆伯格（Michael Bloomberg）在 2010 年宣布该项目成为永久性项目，并于 2012 年开始施工。设计公司斯诺赫塔（Snøhetta）于 2011 年设计完成了永久性项目的效果图，与此同时，该市及其商业促进区的合作伙伴也在持续衡量项目的影响，并增加规划数量，甚至计划将时代广场作为公共艺术的巨大画布。

截至 2013 年底，该项目的累积影响显示，行人增加了 15%，达到每天 40 多万人次，交通事故造成的受伤人数继续下降，出行时间也有所改善。最后，正在进行的时代广场翻新设计让该地区零售店铺租金前所未有地上涨了 180%，这使该地区首次成为世界上十大最有价值的商业目的地之一。[56]

时代广场项目是纽约市"从人行道到广场"项目最引人注目的例子，它的成功让交通局颁发了在全市范围内推广该方法的许可。另外 58 个步行街广场也采用了该系统，并已扩展到临时路缘空间、道路中央通道和其他可立即带来安全效益的街道设计项目。富有远见的领导和低成本材料的智能运用，以及可迭代且和灵活的实施过程，重新定义了项目，并展示了城市领导人可以如何有效地使用战术都市主义。

在 2013 年 12 月的剪彩仪式上，萨迪克 - 汗在即将离任的前几天宣称："凭借创新的设计和少量的油漆，我们已经向您展示了可以快速改变街道面貌并带来立竿见影好处的方法。"[57]

"畅行市中心"的成功奠定了萨迪克 - 汗作为美国最具创造力的城市建设者之一的地位。但在纽约市，市政当局作为战术家的做法始于交通局的一小部分工作人员，是旨在 20 世纪 90 年代中期为曼哈顿下城的行人提供更安全的空间环境。

纽约市广场改造简史

受第二次世界大战后开始的支持城市分权联邦制的社会趋势对美国城市的影响，搬到郊区的城市居民日益增加，随之不断增长的是人们对开车的需求。因此，畅通无阻的交通已经成为交通工程师、规划师、政治家以及几乎所有堵在路上的人的痴迷追求。与许多城市一样，纽约的应对措施是增加道路容量以容纳越来越多的汽车。但在整个大都市区建设高速公路的同时，纽约开始尽可能地缩小人行道并拓宽街道。还开始用单向通行取代曼哈顿大道沿线的双向交通模式，他们认为这样可以减少车辆的冲突和延误。

20 世纪 60 年代早期，包括百老汇部分地区在内的几乎所有大道都接受了这种现代交通工程的处理方法。到 1966 年，哥伦布环岛以南的整个百老汇路段都变成了单向南行的大道。这一改造旨在帮助车辆顺利通过市中心，但实际上产生了相反的效果。在百老汇大道与另一条南北向大道交汇的地方，奇特的角度和南行车流都会使行车速度变慢。这在先驱广场向北的第六大道北行方向上最为明显。相比之下，时代广场允许南行的两条车流同时通行，并设置了超长的人行横道行人信号灯时间。

在城市试图在道路上容纳更多汽车的同时，为了与郊区的购物中心竞争人气，他们正在重新设计部分城市街道，使其可供行人使用。其想法是将室内购物中心的人流和购物体验带到主要街道，从而帮助那些正在衰退的地区快速恢复生机。罗伯托·布兰比拉（Roberto Brambilla）和詹尼·隆戈（Gianni Longo）在 1977 年出版的《仅限行人》（*Pedestrians Only*）一书中写道："步行街并不是艺术家眼中的城市田园诗，而是对于迫在眉睫的城市问题的实用解决方案。"[58]1955—1980 年，美国大大小小的城市中有 200 多条商业街被改造成步行街。在整个 20 世纪

佩利公园（Paley Park）被认为是纽约市最成功的私有公共空间之一（Aleksandr Zykov）

60 年代，随着环保运动的兴起，步行街被视为对抗日益增长的汽车依赖和零售业疲软带来的负面影响的一种方式。[59]

如第 3 章所述，早在 1969 年，区域规划协会就设想将时代广场和百老汇走廊建为步行街。不幸的是，在交通流量不断增加的情况下关闭美国最繁忙的街道之一，其政治复杂性令其难以实现。这一战略缺乏必要的策略和有利的人口、经济和社会支持条件。这些条件使这项努力在 40 年后才得以实现。

当时建成的大多数步行街并没有像人们期望的那样成为市中心繁荣的救世主。事实上，许多步行街被指责加速了主要街道商业环境的衰落，并重新恢复车辆通行（200 多个步行街中约有 75 个至今仍然保留着）。然而，失败的原因往往被简化了。主要街道的失败并不是因为汽车被禁止通行，而是因为更深层次的经济转变和社会趋势推动了其他地方的投资、居住人口和街道活动，使主要购物中心的地位发生了转移。

该市实施的其他项目也支持了其他地方公共空间的发展。事实上，纽约市规划局于 1961 年通过的分区决议（Zoning Resolution）为开发商带来了密度红利，以换取在建筑物内部及周围增加公共空间的建设。该计划逐渐发展到包括广场、拱廊、城市广场、住宅广场、人行道加宽、露天广场、有顶棚的人行空间、街区拱廊和下沉广场。[60] 开发商紧随其后，开始了纽约的私有公共空间（POPS）项目。今天，有 500 多个私有公共空间区域，总面积超过 350 万平方英尺（约 32 万平方米），其中包括因占领华尔街而闻名的祖科蒂公园（Zuccotti Park）。

尽管该项目增加了公共空间的总面积，但是数量的增加并不总是等同于质量的提升。事实上，对私有公共空间项目缺点的分析成为威廉·怀特（William Whyte）开创性的《小城市空间社会生活》（*Social Life of Small Urban Spaces*，1980）一书的主题，他细致地探讨了什么是被充分利用、安全和欢乐的公共空间。[61] 怀特的工作无疑有助于改善私人建造和维护的公共空间，但并没有完全解决在城市商业核心区之外提供此类设施的问题，也没有解决在纽约这个美国最适合步行和交通最丰富的城市日益以汽车为中心的街道所面临的挑战。

试点项目的试运行

在"畅行市中心"项目之前，纽约市在 20 世纪 90 年代后期开始采取更小、更渐进的步骤来改进其过时的公共空间和街道设计方法。这些较小的实验项目对于在全市范围内实施临时项目非常有价值。

当时，交通局的行人规划师兰迪韦德（Randy Wade）于 1997 年被指派实施曼哈顿下城步行化研究。在正常情况下，这将是包括一个为期 10 年的基本建设项目的大工程。然而，人们有强烈的政治意愿希望以更快的速度和更低的成本完成这项工作。带着这个任务，韦德开始使用廉价的临时材料而不是修建永久性基础设施来缩小白厅街（Whitehall Street），使用该市标准的泽西式护栏创建了一个 2000 平方英尺的线性路中央隔离种植带。护栏被漆成青瓷色，以匹配炮台海事大楼（Battery Maritime Building）。此外，顾问盖尔·维特韦尔（Gail E. Wittwer）设计了一片由桦树和松树组成的小树林。项目团队还订购了价格低廉的大型塑料花盆，以进一步划定行人空间，毗邻新的高能见度人行横道。他们就这样投机取巧地完成了白厅花园（Whitehall Gardens）项目。

受到白厅花园有效使用低成本材料的鼓舞，该团队采取了类似的方法来缩小附近的恩蒂斯街（Coenties Slip），这里以前是一个用于航运的入口空间，1835 年被填埋并改造成街道。这条只有一个街区的街道仍然比曼哈顿下城的大多数街道都宽，并且几乎没有作为车行交通空间使用。为了给人们创造大量公共空间，韦德忽略了用泽西式护栏保护行人的建议，而是从以前的桥梁项目中找到了剩余的花岗岩块来定义新的公共空间。这些矩形街区是另一种快速简便的保护人们免受交通影响的方法，并为人们提供了一个可以停留坐下的地方。对于负责维护空间

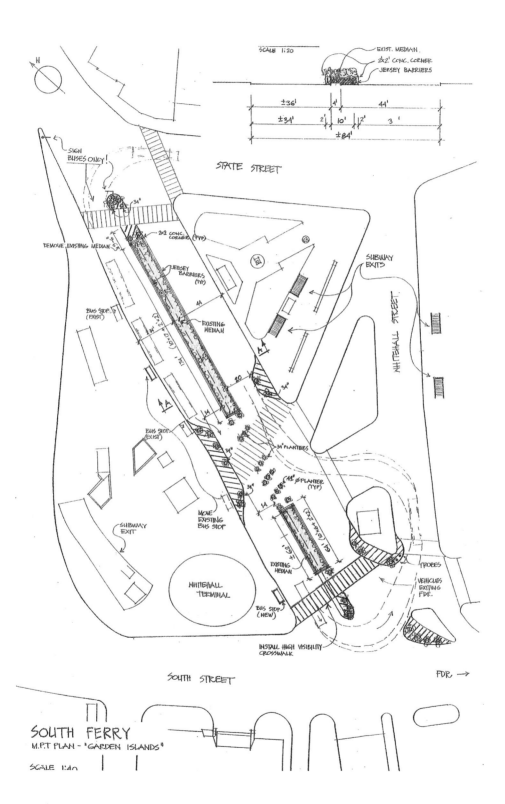

白厅花园规划（纽约市交通局）

现在的恩蒂斯街，包括最近改造后的广场（Mike Lydon）

的市中心联盟（Downtown Alliance）来说，也许更重要的是，新的"座位"几乎不需要维护。市中心联盟的安·布滕维瑟（Ann Buttenwieser）聘请了艺术家詹姆斯·加维（James Garvey）来手工打造更多的街头家具。最后再用与附近白厅街上同样物美价廉的花盆来点缀这个快闪式公共空间。

　　短期内的改善为人们夺回了恩蒂斯街大约 50% 的空间，并立即备受欢迎，尤其是对其使用最多的在附近办公的人群，他们喜欢在恩蒂斯街上吃午餐。该项目的成功带来了交通局在 2004 年的长期投资，用永久性材料进一步优化了空间。

　　尽管这种开创性的公共空间开发方法被认为是教科书式的战术都市主义，并且是当今纽约市的设计标杆，但这种从临时到永久的方法在当时却很少或根本没有受到纽约市以外人们的关注。有趣的是，恩蒂斯街的另一半最近进入了该市目前的广场优化项目中，在撰写本书时，这一空间除了临时护柱、绿植和油漆外，什么都没有，完全禁止汽车通行。

　　在完成恩蒂斯街项目后，兰迪·韦德和她的交通局同事于 2006 年被召回，他们受命在布鲁克林市中心开发廉价的步行改善设施，那里有一条很少使用的街道被定为改造试点。至此，韦德和她的同事们已经胸有成竹。交通局团队与城轨科技 BID 公益组织（Metrotech BID）合作，使用临时材料打造了另一个步行广场：采用折叠桌椅、带伞的桌椅单元、塑料花盆和设计造型奇特的自行车架。他们被安置在威洛比街（Willoughby Street），位于布鲁克林市中心的杰伊街和亚当斯街（Jay and Adams Streets）之间，是一个人流量较低的街区。正是在这里，"从人行道到广场"的理念开始被理解为一种可扩展的方法，以改善全市的安全和公共空间。

此后不久，这一理念很快被应用到纽约市的其他地区，并被纳入该市具有里程碑意义的纽约大规划（PlaNYC）① 可持续性和高质量生活计划中，该计划由市长迈克尔·布隆伯格和 25 个城市部门于 2007 年发起。在正式通过纽约大规划后，纽约市将其新的"从人行道到广场"空间改造项目带到了曼哈顿肉类加工区的北部边缘，位于西 13 街和 16 街之间的第九大道。交通局改造了第九大道和 14 街交叉口路面的沥青材料。该项目的灵感来自在巴黎杜乐丽花园（Jardin des Tuileries）中发现的碎砾石的质感和美感。韦德意识到用于在桥梁上施加防滑牵引力的环氧树脂还可以作为创建广场空间的沥青材质，由此创造了一个有吸引力的、易于维护的、防滑的地面环境。韦德说："我们在网上找到了一种环氧树脂和碎石的混合物，并选用了斑驳的米黄色来创造一个真正有吸引力的、成本低廉的路面处理方法，走在这种路面上比走在路基裸露的路面上更凉爽。"

根据韦德的说法，他的团队最初在曼哈顿下城改善公共空间的方法并没有成功，因为大多数交通局工作人员和纽约市民，都不知道该项目及其潜在的可复制扩展性。"在 1997 年的第一个项目之后，没有太多的复制，"韦德说，"因为效果并不明显，而且它们没有与更大的政治或政策平台联系起来。"十年后，威洛比广场（Willoughby Plaza）项目被誉为新组织的宜居街道倡导者的标志性变化。这些倡导者能够在纽约大规划中看到他们的许多理念。韦德将此归功于纽约市街道复兴运动和这场运动的喉舌"街头巷尾"（Streetsblog）博客 [由马克·戈顿（Mark Gorton）创立，2006 年由亚伦·纳帕斯特克（Aaron Naparstek）编辑] 的兴起。这座城市——政治领袖、倡导者、商界——集体认识到临时项目至关重要，因为它们展示了街道可以变成什么样子。正如韦德所说，"它们比一厚沓纸质报告要好，它们让用户可以走进去、坐下、批评、修改并喜欢上一个地方，然后开始支持将临时设施永久化。"[62]

---

① 纽约大规划是纽约市市长迈克尔 - 布隆伯格在 2007 年发布的一项战略计划，旨在为该市增加 100 万居民做好准备，加强经济，应对气候变化，并提高所有纽约人的生活质量。该计划将超过 25 个城市机构聚集在一起，为建设一个更环保、更伟大的纽约而努力。——译者注

改造前的威洛比广场（纽约市交通局）

改造后的威洛比广场（纽约市交通局）

这种"从人行道到广场"的项目方法的安全性和经济效益是显著的，交通局在 2013 年的报告《衡量街道：21 世纪街道的新指标》（*Measuring the Street*: *New Metrics for 21st Century Streets*）[63] 中投入了大量资源来记录和宣传此类项目。与时代广场一样，他们改造了整个城市未充分利用的沥青路面，促进了人行交通的大幅增加，使现有企业的零售额增加，且使街道使用者的受伤人数显著减少。此外，许多"从人行道到广场"项目正在变成永久性项目，比如威洛比广场项目于 2011 年开始进行永久性建设，并于 2012 年 4 月举行了建成开幕剪彩。显然，这种短期且成本低廉的改善措施，即使不是预期的城市街道设计工具包的一部分，也已成为一个可接受的方案。

在这座城市里，对于某些人来说，每一寸空间都是宝贵的，因此（人们）寸土必争，构建这类试点项目确实需要巧妙的政治策略。那些安于现状的人们在看到项目的低成本和临时性之后也选择了保持中立。如果任何项目在安全性、促进零售业或者提升生活质量中的任意一方面不尽如人意，也可以恢复先前的状态。当然，在此过程中也存在政治阻力，但从社区推广和前后数据的详细收集展示出，成功占大多数，失败只占很小一部分，这也为项目进入下一阶段打下基础。

抛开政治因素不谈，建设临时广场并不能保证长期的成功：每天晚上运送垃圾、将椅子折叠好并锁在一起，用公共艺术、农贸市场，音乐和其他活动来激活空间，都需要资金和组织能力。因此，一个包括定期维护和规划的双重管理方法对于"从人行道到广场"项目至关重要。这些责任自然而然地落到了交通局的维护合作伙伴身上，他们通常是当地的商业促进区（BIDs），商业促进区形成了特定的地理边界，由向一个共同基金纳税的当地企业组成，该基金用于管理和规划该地区的公共领域。

当然，并不是纽约市的每个社区都有当地的商业促进区来帮助管理广场，这也就意味着在服务水平最为低下、没有资源来维护广场的社区里，这个城市项目开始被人们所遗忘。在 2013 年，交通局尝试着解决这种不平等问题，通过与摩根大通集团（JP Morgan Chase）以政府和社会资本合作（PPP）的形式合作，斥资 80 万美元来帮助经济困难的社区建设并管理当地的公共广场空间。"街头巷尾"博客上一篇报道该合作的文章里援引前交通局助理特派员安迪·威利 - 施瓦茨（Andy Wiley-Schwartz）的话说："这个做法就是为了保证每一个社区都有

左：在曼哈顿下东区的派克 / 艾伦街（Pike/Allen Street），公共空间和改进的自行车道是使用油漆和其他临时材料建造的（上图），然后用永久性基础设施进行升级（下图）（Mike Lydon）

同样的机会。这个项目永远都是为整座城市设计的，并且在每个社区都能发挥作用。"[64]

受到纽约项目不断成功的启发，另外几个美国大城市也开始采用类似的"从人行道到广场"项目。旧金山经常与纽约竞争美国最宜居和最进步的城市，该市在 2010 年开始了一个"从人行道到广场"的项目，并且为全市范围内政府主导的战术都市主义项目开设了一个网站（http://pavementtoparks.sfplanning.org/）。

在对自行车围栏、租赁式车位公园和一处"从人行道到广场"项目进行试验测试后，洛杉矶交通局在 2014 年开展了一项名为"民众大街"（People St.）的新项目（http://peoplest.lacity.org/），利用各种现成的、合格的再生沥青材料来营造人们喜欢的公共空间。根据洛杉矶行人事务助理协调员瓦莱丽·沃森（Valerie Watson）介绍，该项目是为了加速项目的实施推进过程，进行透明化管理，赋权市民、企业和社区组织。有了"民众大街"，洛杉矶市民现在可以申请使用城市的装配部件（在网上可以获得）来进行公共空间营造，目的是让临时性项目得以永久进行下去。[65] 每一年"民众大街"项目都可以恢复到以前的状态，或者申请新的一年期许可，亦或在资金到位之后转向永久项目。

诚然，纽约、洛杉矶、旧金山等引领潮流的地方都不属于典型的美国城市。然而，他们开发的实现低成本和高影响力转化的方法在任何地方都需要，并且可以扩展到任何规模的社区建设。实际上，对于那些资源十分有限的城镇和城市来说，还有那些尚未听说过战术都市主义的地方来说，这种方法（临时的、成本低、速度快）可能是下一步发展最好的也是唯一的选择。事实上，在小城市和城镇，官僚主义通常也较少。那还在等什么？从今天就开始吧！

右上：纽约市的科罗娜广场（Corona Plaza）以前是一条交通流量少的街道，现在安排了反映周边社区多样性的文化活动（Neshi Galindo）

右下：日落三角广场（Sunset Triangle Plaza）的创建为洛杉矶带来了第一次"从人行道到广场"的改造（洛杉矶交通局）

4.4 皇后区杰克逊高地"从人行道到广场"的改造

尽管纽约市居民、企业主和其他利益相关者可能会主动申请在他们的社区中建设该市的广场项目，但实际的项目决策和实施仍然可能是自上而下的。相比之下，皇后区杰克逊高地（Jackson Heights）的第 78 街游戏街成功改造为公共广场的故事向人们展示了一种成功的、可迭代的、完全自下而上的开发社区公共空间的方法。

杰克逊高地是纽约市最重要、最多样化和人口最密集的社区之一。该社区使用 30 多种语言，三分之二的人口出生在国外。尽管存在这种多样性，但建筑环境中没有很多变化，因为该社区的开放空间在纽约是第二少的。社区居民敏锐地意识到了这个问题，他们自发组织了一个名为"绿色联盟"（Green Alliance）的全部由志愿者组成社区倡导组织，在 2008 年夏季的周日创建了一条游乐街（有关纽约游乐街区计划的历史，请参见第 2 章）。这条游乐街位于第 34 大道和北部大道之间的第 78 街的一个街区，作为该地区唯一的公园特拉弗斯游乐场（Travers Playground）的延伸。

绿色联盟成功运营了第 78 街游戏街两年，在每一个夏天的周日向公众开放。但是他们打算将这条路完全封闭两个月，不允许汽车通过，而不再仅限周日封闭。然而，一些居民担心道路封闭会造成夜晚闲逛人员和犯罪的增多，可用的停车场减少，影响高峰期交通通行。所以是否将道路连续两个月的问题就摆到了社区委员会面前，他们最终投了反对票。[a] 为了取得成功，绿色联盟在之后于 2010 年 5 月举办的社区委员会会议上组织了一场 200 人的游行，参与的小孩都发声说游戏街对于他们的健康和社区的环境很重要。走在游行队伍前列的是市议员丹尼尔·德罗姆（Daniel Dromm），他主张扩建游乐街。在 2010 年夏天到来之前，绿色联盟就已经赢得了胜利，将封闭道路的时间延长至整个 7 月和 8 月。[b]

更为常规的第 78 街游戏街为附加项目提供了机会，其中包括自行车俱乐部、一个农贸市场、堆肥教育、有组织的体育活动，当然，还有与邻居社交的机会。杰克逊高地绿色联盟主席达德利·斯图尔特（Dudley Stewart）表示，"晚上在这里你能看到 100 个人，晚上八点以后，大家都来这里放松。"[c] 虽然这些活动有益，但是所有活动都是有成本的，所以，在 2011 年和 2012 年，居民转向一个专为帮助小型社区项目而设计的在线众筹平台 ioby 来帮助集资。他们很快在 2011 年和 2012 年迅速筹集了 3402 美元和 2526 美元，用于规划、维护和运动器材。[d]

左：2008 年开始的一项临时性周末活动，第 78 街游戏街进行公共空间改善，现在已全年向人们开放（Dudley Stewart）

工具（亚特兰大地区委员会）

在 2010—2011 年第 78 街游戏街获得成功的基础上，绿色联盟申请了纽约交通局的广场项目，使这个只在夏天可用的空间变成了全年可用。虽然有点勉强（因为交通局项目的合作伙伴大多是当地的商业促进区），绿色联盟被选为第一个全部由志愿者组成的社区组织来管理一个广场，将一个只在夏天存在两个月的游戏街区变成一个全年开放的公共空间。通过城市的资本预算项目交付流程，更永久的广场为现有游乐场增加了大约 10000 平方英尺（约 929 平方米）的开放空间。在回顾该组织最初的成功时，社区居民多诺万·芬恩（Donovan Finn）说："它所需要的只是让人们看到它的实际运作，杰克逊高地就是最好的例证。"ᵉ

---

a. Noah Kazis，"Jackson Heights Embraces 78th Street Play Street and Makes It Permanent，"Streetsblog NYC，July 5，2012，http://www.streetsblog.org/2012/07/05/jackson-heights-embraces-78th-street-play-street-makes-it-a-permanent-plaza/.

b. Ibid.

c. Ben Fried，"Eyes on the Street：78th Street，Jackson Heights，8：15 PM，"Streetsblog NYC，August 6，2010，http://www .streetsblog.org/2010/08/06/eyes-on-the-street-78th-street -jackson-heights-815-pm/.

d. "Jackson Heights 78th Street Play Street 2012，"Ioby.org，https://ioby.org/project-jackson-heights-78th-street-play -street-2012.

e. Kazis，"Jackson Heights Embraces 78th Street Play Street."

05 如何执行战术都市主义

——

为了有所作为，有全球化的思维和行动，首先要从小事做起，从重要的地方做起。实践，就是要将普通的事物变得特别，并使特别的事物更广泛、更容易获得，即不断地扩展理解力、眼界和常识。它是关于建立紧密联系的网络，在几乎不可能的合作伙伴与组织之间建立联系，以及在毫无优势的情况下制定计划。对现在而言，走上正轨；对将来而言，兼具战术和战略的眼光。

——纳贝尔·哈姆迪（Nabeel Hamdi）

应用战术都市主义的机会无处不在——从一面空白墙壁，到一条过宽的街道，再到一个未被充分利用的停车场或空置的建筑物。正如我们已经讨论的那样，市民可以使用战术都市主义作为一个工具，让人们关注政策和设计的缺陷；市政当局、各种组织和开发商也可以使用战术都市主义作为一个工具，来扩大公众参与的范围，提前或经常性地对项目的各个方面进行测试，并加速实施，这样就更容易创造出更好的场所。我们将这类举措描述为"战术性"的，因为它们使用了一种深思熟虑的、可行的手段来实现预设的目标，同时给规划和项目实施过程增加了灵活性。运用设计思维的框架，本章将阐述战术都市主义项目的（实施）方法，尽可能为市民或政府的战术家们提供具体的经验与教训。

设计思维

黑客运动的专业化带来了一些可以应对新型或持续挑战的技术和流程。其中一种方法是"设计思维"，它与其说是名词，不如说是动词。设计思维的基础发展于 20 世纪 60 年代，但它的当代应用是在斯坦福设计学院和由汤姆·凯利与大卫·凯利兄弟（Tom and David Kelley）领导的 IDEO 咨询公司发展的。在《创意自信》（*Creative Confidence*）一书中，凯利兄弟将这个过程定义为：对问题背景的同理心、产生洞察力和解决方案的创造性，以及分析和拟合各种解决方案的理性，这几点的结合。[1] 近年来，随着科技初创企业的发展，它的受欢迎程度有所上升，许多公司都采用了其核心原则，以及埃里克·莱斯（Eric Ries）在

《精益创业》（*The Lean Startup*）中所写的许多产品开发方法。[2]

　　设计思维对于城市建设相关学科来说并不是一个完全陌生的概念。哈佛大学建筑和城市设计教授彼得·罗（Peter Rowe）在 1987 年出版的《设计思维》一书中将这个观点应用于这个领域。然而，他在这本书中所表达的概念并没有深入渗透这一领域。但是，随着科技公司和初创企业在过去 20 年里获得了文化上的声望，更多的人开始关注当代设计思维如何应用于城市建设。根据我们的经验，五步设计思维过程对于成功地开发战术都市主义项目具有重要价值。设计思维和战术都市主义都认为，设计，就像城市建设一样，是一个永无止境的过程，绝对有效且彻底的解决方法几乎是没有的。这些步骤类似于战术都市主义学家通常使用的"问题识别—项目响应"过程。这五个步骤是：

　　1. 饱含同理心：理解规划或设计的使用者。

　　2. 定义问题：确定一个特定地点并清楚地阐明需要解决的问题的根源。

　　3. 形成概念：做调查研究，开发方法来解决问题。

　　4. 原型初现：形成一个可以快速执行且无须花费巨大成本的计划。

　　5. 测试：通过构建—度量—习得过程来测试项目和收集反馈信息。

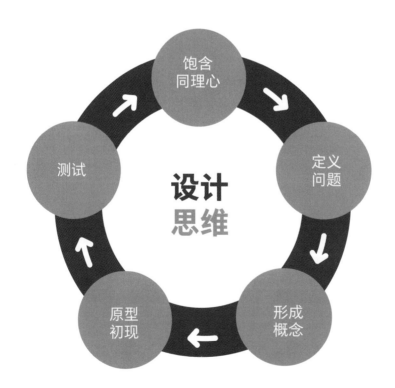

设计思维（街道计划协作社）

执行这些步骤不需要遵循线性方式，它们经常有所重叠，并且应该根据需要进行重复。这些步骤应该被视为一个解决各种城市问题的框架。接下来所描述的操作过程提供了如何将其应用于工作中的详细信息。

1. 饱含同理心：理解规划或设计的使用者

所有的战术都市主义项目都试图解决建成环境中的不足。然而，只有在真正懂得你在为谁工作之后，才能开发一个有效的项目响应机制。

通常，你是在为自己工作，但也在为朋友、家人或不知情的邻居工作。无论是出于个人原因还是集体利益，你都厌倦了破旧的建筑、闲置的停车场或过宽的街道，所以你会采取行动，无论有没有得到许可。虽然这样做是有效的，但是考虑一下那些可能会被你的计划影响到的人也是十分重要的，进而可以将他们的需求纳入你的计划当中去。街对面的老邻居、街角的店主或者隔壁的孩子会是怎样的反应呢？首先，我们提倡先问问他们；即使你不是为了去满足他们的需求，但你的项目不能损害他们的利益，这一点很重要。如果你收到了关于潜在的负面影响的反馈，就可以做出调整。另一方面，你可能会发现你不是唯一受到社区中不良因素影响的人，尝试让事情变得更好也会吸引志同道合的人，其实他们经常想要采取类似的行动。

对于那些以专业身份工作的人来说，客户、当地政府领导或部门领导可以提前决定一个项目的部分或几乎所有方面。如果是这样，请立即离开办公室，前往项目所在地。你可以通过向市民提出深思熟虑的问题来获得第一手信息，这将帮助你和利益相关者一起落实你的想法，并可能确定其他应该被纳入考量的人群，包括那些不经常参与常规规划和项目实施过程的人。

建立这种基本的同理心对于大多数读者来说可能是再平常不过的事情了，但只要在大多数城镇里走上一圈，你很快就会明白，那些规划、设计和管理我们的建成环境的人往往不懂得特定区域的问题以及人们的多样化需求。

例如，许多交通工程师不会设身处地为那些最容易受伤的道路使用者着想，但决定工程设计最终结果的正是这些使用者，而不是一辆超速行驶的两吨重汽车。对他人缺乏同理心意味着我们经常为一些人提供方便的环境，而牺牲了所有人的安全，包括那些驾车的人。为了应对这一问题，安全街道的倡导者已经开始把城市领导人、规划师、工程师和公共工程官员从他们的车里请出来，到大街上真实体验一下在他们所创造的致命环境里走路、骑车或者是坐轮椅的感觉。这个简单的行为不需要花钱，却可能带来不同的结果，因为人们可以通过"个人体验"这种最强有力的交流和建立同理心的工具，来理解那些被我们忽略掉的东西。

迈阿密海滩第 16 街的自行车道就是设计缺乏同理心的体现（Mike Lydon）

2. 定义问题：确定一个特定地点并且明确需要解决的问题根源

战术都市主义不是解决所有问题的万能方法。它无法解决我们在城镇中面临的许多紧迫挑战，但是对于社区中持续存在的问题，它可以做出回应或者增强人们的意识。

所谓特定地点，是指那些各方面条件都成熟，能运用战术都市主义干预措施的地方。在某些情况下，那些在经济、社会、物质或环境方面有明显短板的地方，就可以成为干预的目标。这些地方通常通过反馈循环机制就可以找到，比如之前的社区规划、不断增加的市民投诉、事故数据或犯罪统计数据。然而，不是每个特定地点都是显而易见的，也不是所有问题都能被一次性解决。事实上，尽管有许多改革计划，但许多持续性的问题几十年来一直没有得到改变。那么，面对诸多可能性时，你该如何（从中）选出一个好的方案呢？

场地选择：规模为多大？

规模和物质环境在场地选择过程中是十分重要的。当我们有选择的时候，我们倾向于把战术都市主义运用在其基础条件也能在其他地方被找到的场地上。如果（在该场地）成功，项目被其他地方采用或被正式纳入市政规划和政策的机会就会增加。但无论项目本身是一个社区项目，还是作为一个更大的规划工作的一部分，我们建议尽可能缩小规模，缩小干预的范围。这对于许多想从更为全面的角度来进行变革的人来说是十分困难的。不过我们要保持克制，（构思计划时）考虑整个社区的问题，但行动时要从建筑地块或街角的规模出发。你可以随后扩大规模，并且我们希望你这样做。或者，如果你必须做大规模的项目，则要注重运用适当的战术，让规模和你的场地背景相一致。执行正确的操作可以为你带来下一个项目的机会，将项目引入下一个阶段，或者运用到其他地方。

如前所述，"椅子轰炸"是通过在没有椅子的地方放置椅子或长凳来解决普遍存在的公共座位不足的问题，这是一种简单和有效的战术。但如果是在郊区沿街商业中心前的一条人行道上这么做，因其毗邻一条五车道的大路，很少有人步行，则可能不会很有效。建筑物之间的空间太过分散，交通的速度和流量太高，超过了舒适值，潜在用户的数量太少，都无法使小规模的干预产生作用。

虽然这种情况是假设的，但在佛罗里达州奥兰多市的奥杜邦公园（Audubon Park）社区市场里，人们找到了对类似情况的一个真实的、规模合理的回应。该市场位于温特公园路，距离五车道的科琳大道（Corinne Drive）只有几步之遥。市场每周一晚上在一个商业街的停车场出现，为当地企业服务，包括一家颇受欢迎的咖啡馆、一家沙龙和一个自行车商店。这种每周定时定点出现的市场吸引了附近企业的客户，他们十分喜爱当地的美食、音乐以及在那里售卖的工艺品。这个市场在一个经常被太阳炙烤的、充斥着汽车的停车场里创造了一个临时的、经过精心布局和规划的公共空间。

组织社区市场肯定比把椅子放在人行道边上（"椅子轰炸"）要花费更多时间，但是回报与努力是相称的。如今，该市场的成功可以为低风险、可持续的市场研究提供案例，证明社区居民对市场空间的持久需求。其结果是，在仅隔两个街区的地方，一个两层楼高的实体夜市——东端市场（East End Market）出现了。在那里，游客可以找到售卖当地美食的摊位、书籍、古董、办公空间，以及在市场前面的一个小型社区农场。这种高效的将临时项目变成永久项目的回应机制证实了纳贝尔·哈姆迪（Nabeel Hambi）教授在《给场所营造者的一本社区建设指南》一书中提到的"从缩小规模到扩大规模——逆向工作是为了向前发展"。

场地历史调查

虽然不是所有的场地都有着引人注目的历史，调查现存的以及历史建筑、使用功能、街道设计布局和规划可能会有助于场地选择，进一步地明确特定场地里的挑战与机遇。与第 4 章中介绍的时代广场、达拉斯市政厅和迈阿密海滨大道项目一样，在很早之前就以某种形式被人提出但由于政治或经济原因没有实施的计划，可能会提供见解和灵感。因此，我们建议你在完全确定特定地点之前，先访问当地的图书馆、市政档案馆或上网查询，以找到有用的信息。

5 个为什么

一旦地点被选中，并且在物质和历史层面被充分了解后，定义问题的根源就十分重要。这可能以多种方式发生，但我们建议尝试"5 个为什么"，这是由丰田佐吉（Sakichi Toyoda）开发的一种技巧，用来优化其公司的汽车制造过程。丰田佐吉观察到，生产过程中出现的问题往往是由有缺陷的过程造成的，而这些问题可以通过多次地问"为什么"被发现（他发现问"5 个为什么"是最理想的）。这样做可以产生重要的见解已是众所周知的事，它已经成为全球所倡导的精益制造过程的关键部分，并被各种创意学科所使用。

我们已经把"5 个为什么"应用在许多战术都市主义的工作营里，因为人们很快就在他们的社区中找到了非常典型的、比之前意识到的还要严重的问题：缺乏人性化的过程、一个过时的或者被遗忘的市政政策，或者是其他的没有人能想出解决办法的难题。事实证明，使用实体干预来应对这些问题可能是一种简单、低成本的方法，以确保同样的错误在未来不会再犯，而且，在理想情况下，它可以激发姗姗来迟的政策改变。

花几分钟时间试想一下。想想你生活或工作的社区里困扰你的一个问题，将其表述为一个问题陈述（problem statement）。然后，问问你自己为什么这个问题会存在。想一下，然后再回答这个问题。一旦你有了第一个答案，把它重新表述为一个问题。尽可能多地重复这个过程，直到你觉得你已经找到了一个或多个根本原因。这应该有助于集中你的干预措施，从而解决根本原因。

"5 个为什么"技巧并不完美。事实上，当你使用这个技巧时，你会发现有时你需要更频繁地问问题，有时又会少一些。你可能还会得出一些相互对立的根本原因，这需要你增加对话或测试多个项目回应机制。话虽如此，但"5 个为什么"可以帮助我们快速明确问题，以及需要优先解决什么困难。确定了这些之

左：白天和晚上的奥杜邦公园社区市场

（上：Mike Lydon，下：Michael Lothrop）

后，就可以开始一轮更集中的头脑风暴。短期来说，这应该集中于创建一个项目回应机制；长期来说，应该对政策、过程或设计产生影响。

3. 形成概念：做调查研究，开发方法来解决问题

对项目集思广益——形成概念——是战术都市主义进程中最令人愉悦的部分之一。所有的想法都应该被考虑，只要他们通过步骤 1（同理心）中获得知识，并专注于解决在步骤 2（定义问题）中确定的挑战和机遇。这个形成概念的过程可能会发生在个人、小型团体，甚至大型联盟中。例如，"漫步罗利"运动是由马特·托马苏洛发起的，第一个"建设更好的街区"运动是少数敬业和富有创造力的达拉斯居民的成果，而海滨大道项目涉及了不少于 30 个迈阿密民间组织。

每一种方法都有价值。例如，个人和小型团体通常可以快速完成设计思维过程的前两个步骤，并发展出内部共识，高效地利用资源。更为大型的组织允许项目支持者在更广泛的范围内建立共识，并利用更大的网络。这可以丰富构思过程，并且有助于筹集项目资金、材料、志愿者和市场营销助理。也就是说，发展一个广泛的网络在任何阶段都是有益的：人们越早参与到干预措施中来，就能越早掌控整个项目。尽管参与团体的大小和构思方法会有所不同，但是任务应该总是包括弄清楚该做什么和如何去做。

> 单纯模仿某个成功的项目是冒险的，因为很难确定项目实施地的社会、经济、政治和物质环境。

该做些什么？

最基本的项目构思技巧就是观察他人的工作。多亏了互联网，我们做调查研究比以往任何时候都要简单快速许多。因此，你很可能会发现一些博客文章、新闻和自制的 You-Tube 视频，都记录了应对常见挑战所使用的创造性的、可扩展的方法。我们当然应该在所有的战术都市主义项目早期这样做。然而，任何先例都应该只是提供灵感和有用的信息，单纯模仿某个成功的项目是冒险的，因为难以弄清每个项目实施地的社会、经济、政治和物质环境。但是，人们常常这样做：试图通过模仿来复制成功。

除了设置挂图和在地图上做标记之外，还有无数的创意工作营技巧和想法收集工具可用于项目规划中。对于开放的公共项目，将线上和线下方式相结合的构思平台是最有效的，如"社区土地"（Neighborland，见 neighborland.org

"社区土地"项目中简单的贴纸装置，让路过的行人参与进来，思考什么组成了终身社区（Mike Lydon）

网站），因为它们能比以往任何时候都更容易、更有效地记录、分享和联系不同的项目概念。"社区土地"是艺术家和城市规划师张凯蒂（Candy Chang）的"我希望这是……"项目的产物，该项目始于将贴纸放在空置或者破败的建筑旁，让路过的行人分享他们在卡特里娜飓风后对新奥尔良市重建的想法。

其他的工具，如思维混合器（Mindmixer）和众包器（Crowdbrite）两个在线平台，也可以提高公众参与度，远超过典型的公众会议和工作营，并且允许方便地收集人们的想法以及管理公众输入的数据。尤其是其易用性和赏心悦目的界面让使用在线工具的人数急剧增加。但是它们值得被广泛推广吗？

这取决于项目本身和背景条件（以及资金）。仅仅允许公众在网上投票或讨论项目是一种可以增加价值的参与方式。然而，有时这些工具被用作传统项目的一部分，以提高参与者的数量。埃里克·莱斯称这些指标为"虚荣心指标"。[3] 当然，"增加点击次数"这种形式的参与可以让我们所有人都感觉良好。但在构思过程完成后，几乎总会遗留几个问题：现在该做什么？这些想法和项目可行吗？线上工具真的有助于促进线下的合作和项目实现吗？

这类问题就引出了莱斯所说的"可行的指标"，它们应该被用来提供一条更为明确的前进路径。对于战术都市主义项目，应该建立可行的度量标准，以便将项目构思快速推进到前文中描述的原型和测试阶段。我们再转向埃弗雷特·罗杰斯（Everett Rogers）——一位早期研究创新的社会学家——的理论，来帮助你思考战术都市主义项目构思的"可行性"。

在其 1962 年发表的具有深远影响的《创新的扩散》（*Diffusion of Innovations*）一书中，罗杰斯指出了影响人们采用或拒绝创新的 5 个要素：相对优越性、兼容性、简单性、可试验性和可观察性。[4] 尽管本书的主要内容集中在技术的传播上，然而前述的每一个要素都可以转化为一个问题，在项目构思阶段来帮助你思考短期的项目回应能否有效地解决问题且最终带来长期的改变。

·相对优越性：和现状相比，这个项目真的会为特定人群带来优势吗？

·兼容性：这个项目在尺度和范围上，是否与社会以及物理环境兼容？

·简单性：这个项目能容易地被大部分人理解吗？

·可试验性：这个项目能很容易地进行试验吗？它能容易地在其他地方被复制吗？若被采用，方法是否清晰且没有障碍？

·可观察性：整个项目过程能够被很多人看见吗？它会吸引人们的注意力，让人们使用它吗？

问一下这些问题将极大地有利于项目的顺利进行。

如何开始：批准与未批准的项目

实施战术都市主义项目只有两种方法：获得批准或是未获批准。而构思阶段则是决定正确道路的最佳时机。

如果你从未参与过项目，却正在考虑要进行，那么最好和一些与当地政府打过交道的人聊一聊。所谓的"市政战术家"确实存在，他们的角色是引导像你这样有进取心的人通过大量的市政程序、重点政策或允许变通方案，帮助你实现那些他们认为对城市有益但仅凭他们自己的力量很难去实现的成果。不幸的是，市政战术家很难找到，因为他们并不会大张旗鼓地工作，而且还要掩人耳目。再次强调，问问当地有经验的人，他们可能会告诉你正确的政府部门和正确的人的名字。他们可以帮你做出一个更明智的决定，是采用获得批准的方式，还是采用未被批准的方式。

如果你是一名政府雇员——无论你是否自称是市政战术家——答案通常是明确的。在没有市政程序支持的情况下采取公开行动，通常是不允许的，会被谴责甚至被解雇。你可能也很清楚，这导致了市政府里存在一种规避风险（不作为）文化，使人们不愿改变现状。尽管如此，有创新意识的官员们在逐渐寻找方法削弱这种官僚习气，帮助项目创建者找到合适的漏洞，或者通过制定新政策来启动新型项目（见第 4 章中纽约的人行道改造成广场的案例）。

如果满足以下两个或两个以上的条件，我们通常建议项目支持者考虑采用获得批准的方法：

·该项目规模大，性质复杂。概括地说，这意味着可能需要动用城市财产，实施过程超过几个小时（工期长），或者需要一笔可观的资金。

·项目负责人很可能或已经被确定，并能够帮助支持者获得或加快批准（如果需要的话），协助解决保险和责任问题，帮助获取所需的材料，甚至提供资金（如果幸运的话）。

·项目可能与当前的规划工作挂钩，或与现有的规划、政策或项目实施协议相一致。对战术都市主义感兴趣的城市和组织领导人需要政治名头来帮助解释他们的援助是合理的。

不幸的是，很少有城市政府打算启动或部署战术都市主义项目。其结果是，市民领导的行动有撼动整个体系的趋势，最好的例子就是第 4 章中讲到的俄勒冈州波特兰市、安大略省汉密尔顿市的十字路口修复案例。然而，各种规模的城市都会从这些市民参与的方式中受益，并且应该意识到，微小的违法行为提供了与项目支持者（和反对者）就城市如何最好地解决他们所担忧的问题进行对话的绝佳机会。可以肯定的是，我们建议城市领导人不要太关注这类临时干预措施的非法性，而应该更多关注导致选民们未经城市批准就采取行动的根本原因。城市只有这样做并将其市民视为共同创造者，而不是违法者或破坏者时，才能得到公众的尊重和支持。

通过这种方式，我们在第 4 章中分享的从未经批准到获得批准的案例（十字路口修复、"漫步罗利"运动、停车位公园日、建设更好的街区）表明市政府可以而且应该积极地与市民领导者合作，而不是打压他们的行动。这类项目是高度透明的，应该被视为一种低成本的方法来吸引更多民众。

尽管被批准的项目从一开始就具有合法性（和资金），但是它们可能需要几个月甚至数年的时间才能实现。但是，未经批准的项目可以很快完成，因为城市战术家通常希望得到最好的结果，并依赖于利用漏洞（如停车位公园日案例）或过后再请求原谅。

如果满足以下两个或两个以上条件，我们通常建议项目支持者考虑未经批准的方法：

·干预的规模较小且容易完成。

·所有能想到的批准渠道都尝试过了，市政领导人似乎不愿意用提议的项目来解决现有的规划、政策和项目实施协议。

·不能确定任何政府许可或者被批准的变通方案。

·有高度的自信心,这个项目可以获得业主、邻居和社区其他成员的喜爱(或者至少保持中立)。

当然,这类工作并不是没有风险的。问问安东尼·卡德纳斯(Anthony Cardenas),加利福尼亚州瓦列霍(Vaullejo)的一位居民,他因为在繁忙的四车道的索诺玛大道(Sonoma Boulevard)上画了一条非常明显的人行横道线而被捕。卡德纳斯目击了几起撞车事故,自己也差点儿成为事故的受害者,在自己的请求遭到城市工程师的无视之后,卡德纳斯决定自己动手解决问题。一周之后,警方根据油漆追踪到他并将其逮捕。然而,一位匿名捐赠者为他支付了 1.5 万美元的保释金,卡德纳斯回到社区后受到了英雄般的欢迎。[5]一位心怀感激的邻居,也是附近一家理发店的员工,告诉当地报纸,"他在我们心中有一个特殊的位置,因为我们在这里做生意,而且我们都是女性,很晚才下班……他会护送我们上车,确保一切安好……这是一条非常糟糕的街道。"[6]

应该认识到,即使在市民非法干预公共财产的情况下,其意图也很少是恶意的。此外,具有讽刺意味的是,如果未经批准的项目想要获得长期的成功,必须回到支持者最初希望避免的官僚程序中来。因此,从长远来看,市民战术家应该期望在制度和政治程序中工作,以实现长久的变革。同样地,机构和政府在项目支持者寻求长期合作时也会意识到他们是认真的。

虽然拘捕鲜有发生,但是它的确发生了。安东尼·卡德纳斯的案件就是一个很不幸的例子。然而,我们从未听说过有人因未经批准的战术都市主义项目而受重伤或被害。希望我们也能对许多战术都市主义学家所承担的危险的、认可的现状条件说同样的话。

4. 原型初现:快速、廉价地形成项目回应

一旦出现一个明确的地点和项目回应——需要交通稳静化,让公交车站更舒适,或者创造一个社区集会空间——是时候为理想化的长期响应设计一个轻量和低成本的版本。你可以称其为干预、原型、测试版本,或者随便什么。只要确保你把这个想法迅速付诸行动。

项目规划

尽管许多战术都市主义项目,无论是否被批准,都可能是自发的,但即使是最轻微的干预也需要一些规划。这包括既要考虑物理性设计,也要考虑后勤因素,例如谁(如果有人的话)可以提供帮助,何时开始项目,项目将如何获得资金,

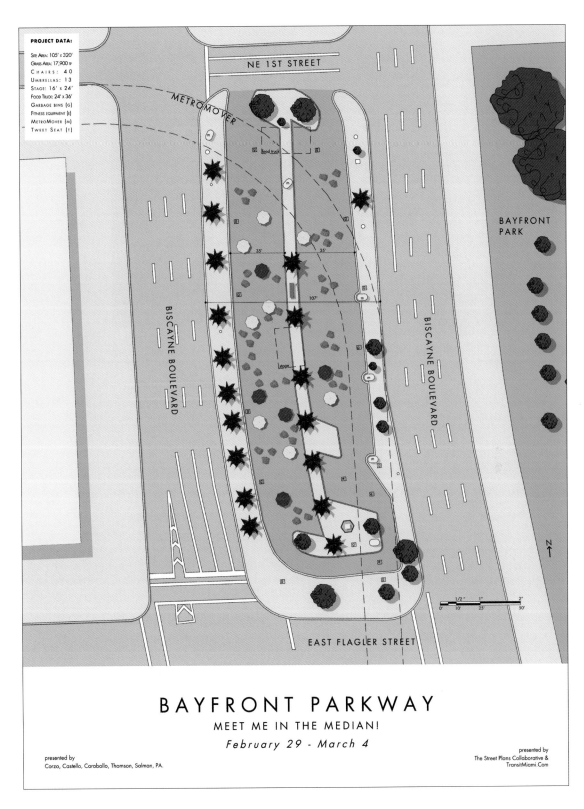

海滨大道计划设想将一个停车场改造成一个大型的快闪公园（街道计划协作社）

霍华德·布莱克森（Howard Blackson）设计了监控标志的原型，防止倾倒垃圾，这是"夺回小巷"倡议的一部分（Mike Lydon）

以及应该使用什么材料。

　　在这一阶段，重要的是要牢记你的项目意图；短期干预应该置于一个提供长期变革的框架内。为了做到这一点，我们经常使用一个叫作 48×48×48 的过程，这是在 2011 年我们与"布鲁克林行动团"（DoTank：Brooklyn）一起为纽约市中心蚝湾（Oyster Bay）所做的一个项目而开发的方法。简而言之，48×48×48 过程有意地将 48 小时干预的即时性与两个附加的时间尺度联系起来：48 周（短期）和 48 个月（中期）。"48"是任意的，但关键是要接受典型的 20 年规划的局限性，并在更短的反馈循环中增加灵活性，以便能够考虑优先级和条件的变化。正是出于这个原因，我们提倡将战术都市主义项目的时间限制在 4～5 年，至少在一开始是这样。这个时间范围不仅让人们更容易理解，而且与 4 年的政治周期和 5 年的资本预算流程相一致。

确定项目合作伙伴

　　战术都市主义项目的目标是创造一个持久的物理变化或政策变化，所以在社区内和跨领域的合作不仅是有益的，而且是必需的。我们发现，最成功的战术都市主义项目将具有不同技能的合作伙伴聚集在一起。即使你最初是独自工作或在一个小团队中工作，寻找到下列这些合作伙伴对你制定项目是十分有帮助的。

• **筹款人**。在许多情况下，筹集资金是让想法变成现实的关键一步。幸运的是，易于使用的众筹平台的兴起帮助项目支持者找到了小额资金（通常是少量的个人捐款）。成功的众筹活动确实需要项目支持者像对待活动一样对待他们的努力，并且得有人构思出一个吸引人的标题和清晰的信息，并通过数字媒体发布。如果项目近期不会实施，先找到一个具有筹集资金能力和写作技能的人也会有帮助。此外，找到"脸皮厚"的人挨家挨户去每个企业筹集资金也是一种方法，同时还可以扩大社区（人群）对该项目的认知度。你的项目可能不需要以上所有技能，而且这些技能不太可能集中在一个人身上。因此，如果你没有这样的筹款技巧，建议你与一些人合作，以获得项目所需的资源。

• **资料员**。确定你所需要的材料和拥有它们是完全不同的两种挑战。以合适的（低的）价格将项目需求与合适的材料相匹配，这本身就是一项技能，通常需要坚持不懈。如果你不知道有什么材料或去哪里找材料，可以请教知情的朋友或同事，他们是非常有帮助的。

• **制造者（设计和建造）**。老实说，不是每个人都能熟练使用锤子或锯子。虽然培养这些技能是有用的，但对于某些类型的项目，建议你向家人、朋友或拥有设计和建造技能的志愿者寻求帮助，特别是对于那些由市民领导的，不能利用城市资源的项目。找到具有这些技能的合作者将使项目的构建——无论有多小——变得更容易、更安全，并为未来的项目努力建立联系。嘿，你也许可以熟练使用锯子了。

• **协调者**。项目越大，就越有可能采用"获得批准"的路径。这当然很好，但请注意，这也意味着需要更多的协调。因此，一个项目可能需要有两个或两个以上的领导者来管理项目的各种后勤——确保保险、许可证、安全、租赁设备、志愿者、场地使用权等。幸运的是，现在有越来越多的项目协调工具可用。例如，"更好街区"团队（Team Better Block）为他们的项目开发了一个线上志愿者管理门户，巧妙地将单个项目组件分解为独立的课程，让参与者学习技能，并围绕制定项目指标、制作简易家具和重新激活公共空间等主题来提高能力。

• **发言人**。沟通交流对战术都市主义项目的成功实施有着至关重要的作用。对于不那么"神秘"的项目来说，社交媒体和博客是分享项目及其目标的好地方，也是增强意识的重要工具。对于未经批准的项目，至少应该记录安装过程和最终成果，这样才可以匿名发布消息。也就是说，将与媒体和市场有联系以及具有专业知识的合作者纳入麾下，对整个项目是十分有益的。这可以帮助你向公众解释为什么要做这个项目，以及他们可以如何参与进来。此外，一个巧妙的项目名称、品牌和信息将帮助公众识别项目并了解它的意图。事实上，有创意的标题、大胆的图片和吸引人的信息将有助于传播项目信息。我们喜欢的例子有"老布罗德的新面孔""帕克赛德大道停车活动"和"停车位公园日"。

项目进度表

无论项目是否被批准，一旦项目的细节在构思过程中出现，就应该制定一个项目进度表，包括时间和过程。虽然不一定适用于所有类型的项目，但我们通常建议尽早安排实施阶段，以便它与已经确立的当地公共活动保持一致并利用其知名度，包括艺术步行街、开放街道、街道赛跑或类似的可以吸引更多人群的由社区发起的活动。这将增加项目的知名度，并有助于项目的长期发展。

对于获得批准的项目来说，尽早确定项目实施日期并对外公布是材料采购、获得许可和营销的重要步骤。这些（程序和步骤被确定后）让你几乎没有选择，只能推进这个项目。事实上，相比更长的时间期限，大多数人对有限的时间的反应会更积极主动。正如在第 4 章中提到的，"更好街区"团队的杰森·罗伯茨（Jason Roberts）将这种技巧称为"逼迫你自己"。

为项目筹集资金

如何为战术都市主义项目筹集资金呢？正如你想的那样，这是我们收到的最常见的问题之一。答案很简单：用任何可能的方法！严肃地说，正是通过不断增多的资金援助机制，战术都市主义项目才得以实现。对于许多项目来说，由于项目领导人的努力，通过借用、回收或捐赠的方式获得材料，因此只需要很少的资金或几乎不需要资金。在这些情况下，所需要的一切就是有勇气去询问和事后发送感谢信。

此外，在我们的记录中，有一些更成功的项目，其成本却只有几千美元甚至更少，却帮助获得了数百万美元的新投资，像是孟菲斯的"老布罗德的新面孔"项目（见第 4 章）。然而，随着这场运动变得越来越主流，更多标准的市政、基金会和企业资金被用于资助创造性的场所营造和战术都市主义倡议，包括城市原型艺术节、马拉松大会和设计与建造竞赛。为此，建议你考虑如何使你的项目符合现有的资助方针、地方和地区政策、正在进行的规划和慈善项目。许多战术都市主义项目涉及已经由政府、企业和基金会资助的交通、健康和环境倡议。例如，之前提到，"漫步 [你的城市]"倡议已经吸引了来自蓝十字蓝盾公司的资金，而俄勒冈州波特兰市的去除过度铺装（Depave）项目现在是由各种政府和企业资金来赞助的。请记住，这两项举措，像其他许多倡议一样，都是在完全没有资金或政府支持的情况下开始的。所以，如果你还在纠结怎样开始和运作，不要让金钱成为太大的遏制因素。用适度的资源来实现一个成功的项目是令人印象深刻的，也需要具有创造力，当你创造的第一个原型被其他人看到后，通常能吸引更多的资金。

最后，市民和民间组织现在可以绕过传统的项目资助途径和附加条件，利用社交媒体网络进行引人注目的项目宣传。尽管还要再努力，但像 Kickstarer 这样的众筹网站平台让即使是最奇特的项目也能够进入整个金融投资者市场，无论它是战术性项目还是其他类型的项目。

当然，Kickstarer 并不是目前唯一的众筹平台，行业专家预计众筹规模将从 2014 年的 40 亿美元增长到未来几年的近 3000 亿美元。[7] 其他的行业领导者还包括 Indiegogo 众筹平台和我们最喜欢的战术都市主义筹款工具 ioby。ioby 称自己是一个众包平台，在每个街区帮助运作社区项目。尽管大多数由 ioby 资助的项目规模都很小，但它也帮助了一些大型项目克服资金困难。例如，在孟菲斯，ioby 为"汉普线"项目筹集了近 7 万美元资金，这是一个保护沿街自行车道的项目，并且是"老布罗德的新面孔"项目带来的许多长久变革之一。

获得许可

对于很多项目来说，获得政府许可的过程从前互联网时代以来就一直不合时宜。在大多数社区，这一过程缺乏透明度，也没有发展到能促进市民主导的战术都市主义运动的程度。但是，如果你打算采用获得批准的路径，那么大多数项目类型都需要获得许可。

对于建筑物来说，临时使用或占用许可通常允许你激活闲置的或未被充分利用的室内空间，前提是你得到了业主的许可。这类许可的限制性因城市而异，但应该可以让你避免将空间触及最新的建筑、防火和无障碍设计的相关规范——这是一个昂贵而繁琐的过程。从你和业主讨论项目开始，就会涉及保险的问题。有些业主可能会给予帮助，让你的项目适用他们的保险政策。在其他情况下，项目赞助人（如城市或者组织）可能将业主列为附加被保险人，并将其责任降到最低。

对于公共空间（例如人行道、街道、公园），你可能要申请特殊活动或大型集会的许可来推动你的项目。这些活动囊括了多种多样的事件，如街区派对、音乐会、户外艺术展和街道赛跑。一旦你选定了场地，就要留意对街道的不同方面有管辖权的各个实体部门。这可能包括城市、县、地区交通局、公园、地方公用事业部门，以及其他需要在项目各个方面签字同意的部门。

你还可能遇到许多似乎与项目意图不一致的话语和需求。把负责许可事宜的

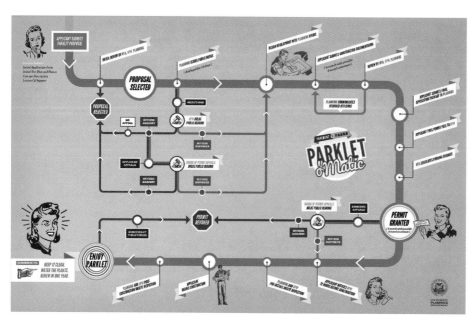

旧金山的租赁式车位公园许可流程图的设计方式比其他城市的流程更吸引人（旧金山市政府）

官员的电话号码设置成快速拨号，并准备好就一些模糊细节进行咨询的问题。另外，根据项目的类型和规模，可能还需要增加其他一些相关的许可（例如：电气、帐篷、结构、交通管理、垃圾和回收管理、事件保险、售卖、移动厕所）。如果出现这种情况，请计划花更多的时间和预算在文书工作上。

出于这个原因和其他原因，我们建议在申请过程中尽可能模糊地描述你的项目，使设计元素刚好处于限制性成本的门槛之下，并找到漏洞帮助你在预算和合理的时间内完成项目。

听起来令人筋疲力尽？确实是这样的。虽然我们发现审核许可的官员是很好的合作伙伴，但很少有城市提供用户友好的信息界面来帮助潜在的申请者在一开始就充分了解一切。更少有城市能提供一个简易的许可程序来实现战术都市主义项目。

事情也不一定非要这样，这就是为什么有些城市，如旧金山和洛杉矶，正在积极发展一个效率更高的申请许可的程序，并创造一个更吸引人的公共界面，以便市民可以在改善城市方面发挥更积极的作用。

旧金山城市原型艺术节就是一个很好的例子。2012 年，该市不再像以前一样用全年时间去处理 100 个单独的项目申请，而是与基金会、私营企业以及其他组织合作，来支持第一届旨在改变城市的艺术节活动。杰克·莱维塔斯（Jake Levitas）曾是灰色地带基金会（Gray Area Foundation）的发起人，他写道："我们

旧金山城市原型艺术节（Kay Cheng）

已经看到了 DIY 城市主义和 DIY 公民黑客世界之间的相似之处，我们想把他们结合在一起，看看会有什么可能性。"[8] 该艺术节吸引了 90 多个团体展示他们的项目，并将于 2015 年再次举办。此外，该市还利用这个艺术节来测试自己的精简版的许可程序，并开发了"生活创新区"，鼓励创建临时的、灵活的社区互动空间，并使这一切变得更容易实现。[9]

无论是否被批准，你的项目都是一个向朋友、邻居和城市领导人展示可能性的机会。提醒他们这一事实，并帮助他们重新考虑用更简单的方法来实现像你这样的项目。很有可能，你不是唯一一个想以这种方式为你的城市做出贡献的人。

寻找材料

如果你已经选定了一个地点，筹集了需要的资金，并已经决定何时启动项目，你仍然需要材料来实现这一切。对刚起步的人来说，我们建议尽可能使用借来的、二手的和可回收的材料。这显然是最便宜和最环保的选择。它还将帮助你在社区中建立社交关系，并把捐赠者带到项目开发过程中来，你只需要运输材料和写一封感谢信。然而，在某些情况下，需要购买材料才能有效地完成项目。如果你打探好地点和时机的话，很多材料可以在打折的时候购入。

我们发现有一些低成本的材料非常有用。草垛和橙色的交通锥非常适合改变街道的几何形状，而新的自助式网络流量工具"路径计数"（Waycount）将帮助你追踪它的使用情况。

然而，没必要将我们使用过的所有物品和材料一一列举出来，这里分享一些我们最喜欢的物品，以及关于它们的使用、采购以及替代品方面的小窍门。

油漆

增添一点颜色就几乎可以立刻改变一个地方的特点。然而，如果未经批准就使用油漆，它也会给你带来麻烦，尤其是在街道上使用的时候。所以，除非你正在进行一个已被批准的十字路口修复项目或类似的项目，我们建议对所有街道表面使用临时性油漆。绘儿乐牌（Crayola）的水洗性人行道涂料是一种选择，家庭自制油漆也可以（只要混合一勺蛋彩颜料、半杯水和半杯玉米淀粉即可）。这两种方式都能达到预期效果，在项目结束时也不需要太多工作来清除。对于建筑物和空置的墙壁，油漆的选择将取决于其表面材料。只要你对颜色不挑剔，已经配好色的低价油漆就十分物美价廉，在大多数油漆店和五金店都能找到按加仑出售的货物。最后，一种更便宜、更临时性的替代品就是人行道专用的彩色粉笔。

景观美化

树木、灌木和植物几乎可以立刻改变一片区域的特征。找到这些绿色植物的最佳地点就是当地的苗圃或大型五金店（如劳氏或家得宝）。相较于花费一个周末买几十棵植物和树木，你可以向苗圃解释你的项目目标，并请求他们借给你需要的东西，作为交换，将他们列入项目赞助商推广他们的业务（这适合用于更高知名度、被批准的项目）。在某些情况下，零售商店，尤其是企业商店，会将你所需的材料直接赠送给你。有些苗圃则需要你缴纳配送费才会发货和送货，所以最好提前询问。如果你不能改变价格，则可以比较一下租借的费用或借辆卡车来帮助运送货物所需的时间。如果搜寻真的植物有些困难的话，可以接洽一下当地的电影道具设计或制作公司以获得临时性的道具，例如假树和灌木丛。这些道具和真的植物效果几乎一样好，只要这些道具是有货的。最后，请记住，即使这些植物的借出时间没有超过一天，也需要给它们浇水以保持良好的状态。

运输拖车

运输拖车可以用来运送大量的项目物品：椅子、长凳、桌子、花盆、舞台、矮墙、停车位、体育场座位，清单的长度取决于你的想象力。如果你还苦恼于没有想法，有许多在线指南和创意网站的页面可以向你展示各种可能性。或者，也

在 2013 年的"战术都市主义沙龙"项目中，增加了临时性景观美化，帮助测试肯塔基州路易斯维尔的东市场街更新设计的替代方案（Mike Lydon）

可以访问知名创客网站 Instructables 来寻求指导。幸运的是，拖车和它们的用途一样普遍存在。然而，建议你缩小搜索范围到出售无害商品的仓库和大型商店，这将增加你找到干净和坚固拖车的机会。对于某些项目元素来说，需要统一尺寸的拖车，所以（买的时候）带上你的卷尺或预先找到多个拖车来源，以满足你的需求。最后，出于安全原因，要买侧面印有 HT 标识的拖车，而不是 MB 标识的。前者意味着拖车是经过热处理的（好），后者意味着它是用溴甲烷进行化学处理的（不好，特别是如果你想种植可食用的植物时）。现在所有新的拖车都需要在侧面印有这个标识，所以不要忘记查看。

交通隔离带

交通隔离带并不是最便宜的材料（6 英寸 ×90 英尺卷筒的价格在 80 ~ 120美元），但它是专业级别的，具有反光和防滑性能。你也可以在网上购买想要的宽度（例如 4、6 或 12 英寸）。如果预算允许，建议把它用于所有改变现有或增加新的路面标记的街道项目（例如自行车道、停车架、人行横道），尤其当项目要持续几天以上时。一种更便宜、更临时的替代方法是使用白色管道胶带，你会惊讶于它看起来是多么的真实！

无论你做什么，无论是否被批准，记得都要保留一份使用的材料清单和每件物品的价格。这将帮助你保持条理性，计算成本，这样你就可以告诉其他人做出这些改变只花了很少的钱。然后，还可以将清单发送给其他人，做出必要的调整，如果你的项目成功的话，材料清单就可以被复制。

根据你所追求的持久性程度，临时材料在最终被移除时应该不留下任何痕迹。马特·托马苏洛的"漫步罗利"项目（第 4 章）非常有意识地用束线带将引导标志固定在现有的灯柱上，而这些束线带可以用剪刀剪断，到时候就可以很轻松地拆除掉。张凯蒂最终选择非残留贴纸完成她在新奥尔良的"我希望这是……"项目。借来的植物可以归还给苗圃或分发给项目参与者。你明白的。

5. 测试：好好利用"构建—度量—习得"过程

既然你已经选定了一个场地，确定了你要做的事项，并收集好了材料，那么是时候测试这个项目了。在这时，失败是真实存在的，或者至少有些事情不会像当初计划的那样发展，但是没有关系——事实上这才是重点。

右上：新西兰克莱斯特彻奇的公地是一个不断发展的临时公共空间设施，位于 2011 年地震后被拆除的前皇冠假日酒店的旧址上（Clayton Prest）

右下：肯特州立大学城市设计协作社的学生们使用交通胶带作为"快闪罗克韦尔"项目的一部分（肯特州立大学城市设计协作社）

构建，度量，习得

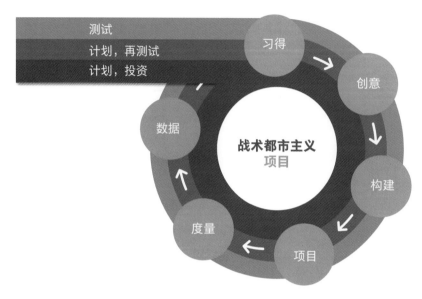

"构建—度量—习得"过程（街道计划协作社）

用于测试项目的过程就像是科学方法的简化版本，或者，正如在《精益创业》中描述的那样，"构建—度量—习得"。也就是说，构建项目原型，衡量其影响（经过几天、几周、几个月，甚至几年），并从结果中学习。这个三步流程可以根据需要重复多次，直到项目支持者决定尝试其他事物，或者放心地（对该原型）进行长期投资。这一过程的一个具体例子是时代广场经过 5 年的修补和衡量，最终引起了长期的基础设施改变（见第 4 章）。在很多方面，这一过程类似于城市设计专家研讨过程，即通过快速连续地起草和修改计划来征求和审查想法，只有反馈机制才能产生物理干预，而不是书面的计划。

构建

战术都市主义的"构建"利用了公共投入和专家研讨会的力量，并将计划的一部分推进到早期实施阶段。这种短期行动可能会产生意识、需求和改变的连锁反应。

因此，构建项目原型的行为有两个基本价值：一个是过程——所做的集体行为，另一个是这些努力的有形结果。前者提供了在社区中建立关系的好机会，为未来项目赋能，并为项目吸引更多的拥护者。后者将所构建的结果充分展示出来，供所有人观察、使用、研究和评论。对于已获批准的项目，项目原型的

波士顿"战术都市主义沙龙"的参与者在尝试用运货板制作木椅子（街道计划协作社）

完成给城市和政治家们提供了一个很好的机会来交流已经通过的计划、政策和倡议的进展。

当然，并不是每个项目都能按计划进行。所以，我们应该期待并为未知的事物做好计划，并愿意从所犯的错误中汲取经验和教训，错误是肯定会有的！

度量成功（并从失败中学习）

前纽约市长迈克尔·布隆伯格（Michael Bloomberg）曾经说过一句很著名的话："除了上帝我们坚信不疑，其他人都要拿数据说话。"[10] 这个主张充满了实用主义色彩，总结了他对纽约的政策管理方法，这些方法让纽约成为一座更富有生机的城市。同时，他也指明了政府前进的方向。大数据、开放数据，对于那些致力于让城市建设变得充满智慧和透明的人来说，所有数据都成了触发点。只要问问纽约市正在进行的街道改造的支持者就知道了，他们搜集了许多由交通部门提供的数据，展示了令人信服的前后变化，证实了政府对交通和街道设计现状的突破是有成效的。

与衡量所有事情一样重要的是，战术都市主义项目的成功与否可以立即做出判断，通常是根据实施结果：将一个闲置的停车场清理干净，并将其转化为一个人们可以聚会的口袋公园；将一辆机动车的停车空间转化成自行车的停车场；市民悬挂限速标志的复制品来引导司机减速慢行；这些项目也许起作用了，也可能没什么效果。最终，战术都市主义的价值通过可以公开检视的物理设计来测试。但如果不去衡量影响的话，这个事情就只完成了一半。

幸运的是，市民和政府官员比以往任何时候都更容易获得衡量工具和判断成功的关键指标。这包括运用低成本的方法来计算自行车和行人的流量、分贝、交通通行速度、零售额以及其他定性或定量数据，来判断项目的成功或是失败。

战术都市主义在政治领域起作用的原因是，它有助于化解与改变现有风险，帮助我们不断地学习哪些可行，哪些不可行，这才是重点。

习得

近年来，城市的习得方式发生了巨大的变化。反馈机制缩短了，数据变得更加丰富，因为工作过程告诉了我们什么可行，什么不可行，我们在黑暗中摸索的时间似乎变少了。

也许没有人比肯特州立大学城市设计协作社的研究生们能更好地展示这种新方法。2012年，他们在克利夫兰市中心罗克韦尔大道（Rockwell Avenue）的4个街区进行了为期一周的"完整和绿色街道"实验。

这个项目，别名为"快闪罗克韦尔"，旨在突破极限，作为该市将要实施的"完整和绿色街道条例"以及永久实施之间的过渡步骤。项目包括该市的第一条自行车道、生物可渗透材料长椅、改进的交通等候区和风动公共艺术品。[11]

因此，这既是一种建筑空间里的演练，也是一种效果评估和学习——快速地知道什么可行，什么不可行。在为期一周的时间里，学生们使用了延时摄影、录像、采访和其他形式来收集数据。该项目为未来的设计工作提供了许多经验：在街上骑车的人是以前的两倍，商业没有因为停车位的缺失而受到影响，公共汽车可以继续行驶。然而，也许最重要的是，学生们很快意识到他们的十字路口设计处理（针对自行车道）可以进一步改进，以防止司机在自行车道上驾驶；公共艺术品可以更清楚地被标识。一周时间，虽然很有价值，但还是太短，不能得到一个明确的结果。

相较于先经过多年的规划和在永久基础设施上花费数百万美元再总结经验，学生们能够通过构建项目，衡量影响，快速习得下一个项目阶段应该做什么。从开始到结束，这个过程只花了一个学期，而不是数年，并且提供了一种更精明、更灵活和更有效的方式来实现城市的规划承诺，这样资金就不会浪费在信息匮乏的过程上。要是大部分街道设计项目都能这样开发就好了！

事实上，如果项目在某些方面表现得很好，那么在加倍关注积极成果的同时，对效果不佳的元素总结经验教训，将会是一个不错的主意。这种"先测试再投资"的思想方法是众多领域的核心，并且应该成为许多城市规划和设计项目的标准规程。

指导性问题

五步设计思维过程在概念上相对简单，但其实充满了细微的考虑，希望已经帮助你有所了解。为了简洁起见，我们整理了下面的备忘单。这其中包括一系列重要的指导性问题，值得在承担战术都市主义项目之前问问

"更好街区"团队的安德鲁·霍华德在记录交通通行速度（Team Better Block）

你自己和其他人。这个概要性的"道德准则"延续了战术都市主义五步设计思维方法的结构，是我们和城市规划师马里科·戴维森（Mariko Davidson）共同开发的，她在哈佛大学设计研究生院完成了关于战术都市主义的硕士论文。显而易见，这些问题是为战术都市主义项目的发展而校定的，但我们相信大部分问题可以而且应该适用于所有类型的项目。

饱含同理心

理解你的规划和设计的服务对象。

· 这个项目服务于哪些人？

· 你与这个社区里的多少人进行过交流？

· 你是否需要更加深入了解这个社区？

· 社区中的哪一部分人会受益？哪一部分人不会？

· 你可以从邻居或者从附近生活工作的人那里得到支持吗？

· 项目的提议如何扩展以吸引年轻人、老年人、残疾人、贫困户、弱势群体和少数族裔，并得到他们的支持？

· 社区有什么特殊需求吗？

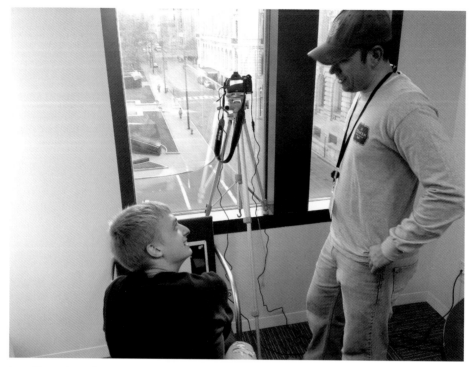

记录"快闪罗克韦尔"项目的效果（肯特州立大学城市设计协作社）

·该项目可以适应更为广泛的使用者吗？

·你真的已经设身处地为最弱势群体考虑了吗？

·你是否与各种利益相关者接触过，以获得他们的帮助来完成这个项目？

定义问题

确定一个特定的项目地点，并清楚地阐明需要解决的问题的根源。

·社区的需求是什么？

·能否缩小场地规模和项目范围，至少是暂时缩小？

·这个问题还存在于当地的其他地方吗？其他地方有类似的场地条件吗？

·是否有相关历史可能会预示场地的未来发展？

·是否使用了"五个为什么"技巧来帮助定义需要解决的问题的根本原因？

形成概念

做调查研究，开发方法来解决问题。

· 整个项目的理念是一个人想出来的，还是小团队，或是一大群人开发的？

· 这个项目真的会在现状的基础上，为确定的人群带来好处吗？

· 该项目在规模和范围上是否与社会和物理环境相兼容？

· 这个项目可以较容易地被大多数人所理解吗？

· 对这个项目进行测试容易吗？

· 这个项目可以较轻易地复制到其他地方吗？

· 实施的路线是否清晰，而且相对没有障碍？

· 是采取获得批准的方式还是未经批准的方式？

· 这个项目能否得到其他许多人的注意？

· 可以从其他类似环境中实施的项目中学到什么？

原型初现

计划一个可以快速执行且无须大量费用的项目响应。

· 是否阐明了这个项目的长期目标？

· 如何确保该项目在实施后的延续？

· 项目一旦实施，其影响是什么？可以定量或定性地去衡量它吗？

· 项目是否解决了该地区的可持续性、可达性、公平性和健康问题？如果没有，它可以被重塑以解决这些问题吗？

· 能否在一个框架内发现并安全地利用机会？

· 该项目是否存在任何安全风险？

· 社区里有谁可以提供帮助？

· 你能建立合作伙伴关系来加强支持吗？

测试

使用构建—度量—习得的步骤来实施项目并且获得反馈。

· 是否有各种各样的利益相关者来帮助你完成这个项目？

· 为未知的情况做计划了吗？

· 是否开发了在测试期间使用的可操作的指标？

· 应如何交流你所学到的东西？包括你的成功和失败。

06 总结：请走出书本去实践！

——

我想说，创造和改造我们的城市和我们的自由，是我们最宝贵但最被忽视的人权之一。

——大卫·哈维（David Harvey），纽约城市大学研究生中心人类学和地理学特聘教授

在过去的 4 年中，我们公司一直在全球范围内记录和实践着战术都市主义。老实说，4 年时间并不长！然而，我们通过"行动"学到了很多东西：首先是战术都市主义指南的编写，然后是与充满激情的市民、富有创新精神的政府领导、精明的开发商和具有前瞻性的倡议推广组织的一起工作。

我们了解到，战术都市主义不仅能够实现，也一直是城市建设方式的一个组成部分。人类住区作为对日常实际需求的本土回应已经存在了数千年之久，早于任何集中的、自上而下的城市营造的建立。正如大卫·哈维的名言所暗示的那样，人们天生就想要塑造他们周围的环境。然而，在当今被高度监管和充满官僚主义的世界中，允许以市民为主导的城市发展和对公共空间的仪式性使用往往从未被考虑过。

为什么呢？

必须优先考虑这些方法。越来越多的市民希望共同参与开发社区项目，而不是让城市领导者和顾问独自领导此过程，出于这个原因（以及其他原因），我们花费了大量精力在本书中定义战术都市主义运动。我们也很高兴有机会深入了解它的历史并分享一些我们最喜欢的例子。但最重要的是，它提供了反思的机会。

我们不认为战术都市主义仅是一个单一的想法。它既是对永恒原则的适应，也是对这些原则的延伸，从而使我们的城市值得居住。我们认为，本书中呈现的想法是具有批判性的，也是容易被忽视的；这些想法有助于创造更紧凑、更适合步行、更公平和更快乐的生活环境。

为此，我们希望看到街道和社区发挥其潜力。我们希望看到充满活力的市中心，历史建筑经过改造和再利用以适合现代用途，成本更低且实施速度更快的交通项目，以及对其服务对象的需求反应更快速的公共工程机构和政府规划部门。

左：每个人都能让城市变得不同（Kara Wilbur）

对政府的愿景是通过取消繁琐和过时的法规，使得更有潜力的项目在城市中轻松地被实践；具体来说，从更容易申请加建"老奶奶公寓（附属住宅单元）"，到减少基础设施项目所涉及的书面申请审核工作，再到提供更易于使用的小型停车位项目，都需要减少审核程序并简化项目交付系统。看在上帝的份上，最好全部可以上网办理！

这些都是可以通过结合在这本书中提出的许多想法来实现的目标。但要获得"更轻巧、更经济、更快速"的结果，不仅必须重新考虑由市政和开发商主导的项目的现有流程，还需要带动那些充满激情的共同创造者、倡议团体和其他个人一起参与，在今天即开始为城市宜居而奋斗，而不是拖到 50 年后（再行动）。

"战术都市主义"一词已经用来描述现在的这一运动。但是，尽管它现在非常流行，我们也是第一个认识到它作为规划行业术语带来的问题，它拉开了实践者和项目服务对象之间的距离（比如我们作为作者和许多读者之间的距离），那不是我们的目标。因此，如果你发现这个词让一些人感到厌烦或难以理解，请考虑替换为其他短语——"行动规划"和"实干规划"是两种常见的替代方法。不管你怎么称呼这项工作，希望在你读完本书后会了解，真正重要的是项目的范围和意图，以及过程的完整性。

最后，战术都市主义运动的发展出现在一个令人着迷的时刻，希望那不是一个令人生畏的时刻。随着快速城市化的继续，有一点很清楚：随着我们继续应对全球气候变化和全球化回报的减少，人类、经济和自然资源会变得更加紧张。我们必须用更少的钱做更多的事——"行动"成为一个最有效的词。我们在自己的工作中受到这一挑战的启发，激动喜悦的与你更深入地分享其他人的成功经验，其中也不乏失败和挫折。最终，我们希望你在可能对你最重要的地方采取行动，比如你家门前、街道上或社区内。毕竟，如果我们不能共同努力——市民、政府领导人，或者两者一起——让这些地方变得更好，在更大范围内的空间实践必将更加艰难。

因此，我们不能保证你的 2000 美元的项目会带动 200 万美元的市政或私人投资（但这应该是重点吗？）；我们也不能保证你刷在地面上彩色油漆会很快转变成你所在城市的下一个美丽的城镇广场；但我们可以保证，除非有人开始采取行动，否则这些事情永远不会发生。如果你从这本书中学到了什么，我们希望你已经知道那个人就是"你"。所以，停止阅读并开始行动吧。就在今天！

街道计划和"强大的城镇"（Strong Towns）项目在美国爱达荷州的庞多雷（Ponderay）改善了一处人行横道，并测试了一处行人避难所（Jim Kumon）

注　释

第 1 章

1.　Nabeel Hamdi, *The Placemaker's Guide to Building Community*, Earthscan Tools for Community Planning (London: Routledge, 2010).

2.　Ethan Kent, "Rose Kennedy Greenway 'A Design Disaster,'" Project for Public Spaces blog, April 30, 2010, http://www.pps.org/blog/rose-kennedy-greenway-a-design-disaster/.

3.　Editorial, "How to Fix the Greenway," *The Boston Globe*, April 18, 2010, http://www.boston.com/bostonglobe/editorial_opinion/editorials/articles/2010/04/18/how_to_fix_the_greenway/.

4.　Robert Campbell, "How to Save the Greenway? Make It a Neighborhood," *The Boston Globe*, April 25, 2010, http://www.boston.com/ae/theater_arts/articles/2010/04/25/how_to_save_the_rose_kennedy_greenway_from_emptiness_and_disconnection/?page=full.

5.　http://en.wikipedia.org/wiki/The_Toyota_Way (accessed 7/21/14).

6.　http://theleanstartup.com/principles (accessed 7/21/14).

7.　William H. Whyte, *City: Rediscovering the Center* (New York: Doubleday, 1989).

8.　Jessica Grose, "Please, Pinterest, Stop Telling Me How to Repurpose Mason Jars: DIY Culture, Homemaking, and the End of Expertise," August 4, 2013, http://www.newrepublic.com/article/114144/pinterest-effect-rise-diy-and-end-expertise.

9.　SPUR, "DIY Urbanism: Testing the Grounds for Social Change," *The Urbanist* 476 (September 2010), http://www.spur.org/publications/article/2010-09-01/diy-urbanism (accessed 7/21/2014).

10.　Celeste Pagano, "DIY Urbanism: Property and Process in Grassroots City Building," *Marquette Law Review* 97 (2014), 1.

11.　Parkside Park-In, Buffalo, NY, November 6, 2013, http://www.youtube.com/watch?v=JVhiVA1iqVs (accessed 7/21/14).

12. Alia Wong, "Don't Walk: Hawaii Pedestrians, Especially Elderly, Die at High Rate," *Honolulu Civil Beat*, September 2, 2012, http://www.civilbeat.com/articles/2012/09/04/17004-dont-walk-hawaii-pedestrians-especially-elderly-die-at-high-rate/.

13. The simplicity and nearly instant impact of this intervention type is captured brilliantly on one of the group's videos, where the pallet chairs are dropped next to a woman sitting on the sidewalk outside a popular coffee shop in Brooklyn. Looking puzzled at first, she soon moved off the ground and into one of the chairs. The coffee shop got the message. Within a few weeks one could spot benches out front during business hours.

14. "Penrith's Pop-Up Park to Stay," *Penrith City Gazette*, May 22, 2014, http://www.penrithcitygazette.com.au/story/2296693/penriths-pop-up-park-to-stay/.

15. Cassandra O'Connor, "Council to Build Second Pop-Up Park," *The Western Weekender*, May 8, 2014, http://www.westernweekender.com.au/index.php/news/2232-council-to-build-second-pop-up-park.

16. Fast Company Staff, "Design Thinking … What Is That?," *Fast Company*, http://www.fastcompany.com/919258/design-thinking-what.

17. Nabeel Hamdi, *Small Change: About the Art of Practice and the Limits of Planning in Cities* (London: Routledge, 2013), xix.

第 2 章

1. Lewis Mumford, *The City in History: Its Origins, Its Transformations, and Its Prospects* (New York: Mariner Books, 1968), 5.

2. "The first true street of which we have a record may be in Khirokitia, a hilltop settlement of the sixth millennium BC in southern Cyprus.… By explicitly defining and articulating an outdoor space for the common good, the people assume a double responsibility: the upkeep of this space and its preservation as public property. A public way, by definition, belongs to everybody. Steady repair and alteration of the main street during its protracted life show that the community was not innocent of

'civic' duty." Spiro K. Kostoff, *The City Shaped: Urban Patterns and Meanings through History* (Thames & Hudson, Limited, 1999), 48–49. See also http://whc.unesco.org/en/list/848.

3. http://www.khirokitia.org/en/neolithic-len.

4. "Such spontaneous councils expressed the human consensus, not so much ruling and making new decisions as giving some immediate application to accepted rules and to decisions made in an immemorial past." Mumford, *City in History,* 19.

5. Albert Z. Guttenberg, "The Woonerf: A Social Invention in Urban Structure," *ITE Journal*, October 1981, http://www.ite.org/traffic/documents/JJA81A17.pdf.

6. Reid H. Ewing, "A Brief History of Traffic Calming," in *Traffic Calming: State of the Practice* (Washington, DC: ITE/FHWA, August 1999), http://www.ite.org/traffic/tcsop/chapter2.pdf.

7. Kostoff, *The City Shaped*, 43.

8. Frank Miranda, "Castra et Coloniae: The Role of the Roman Army in the Romanization and Urbanization of Spain," *Quaestio: The UCLA Undergraduate History Journal* (2002). Phi Alpha Theta: History Honors Society, UCLA Theta Upsilon Chapter, UCLA Department of History.

9. "The colonist had little time to get the lay of the land or explore the resources of a site: by simplifying his spatial order, he provided for a swift and roughly equal distribution of building lots." Mumford, *City in History*, 193.

10. Murray N. Rothbard, "Pennsylvania's Anarchist Experiment: 1681–1690," in *Conceived in Liberty*, Vol. 1, by Murray N. Rothbard (Auburn, AL: Ludwig von Mises Institute: Advancing Austrian Economics, Liberty, and Peace, July 8, 2005), http://mises.org/daily/1865.

11. Tuomi J. Forrest, "William Penn Plans the City," in *William Penn: Visionary Proprietor*, http://xroads.virginia.edu/~CAP/PENN/pnplan.html.

12. http://www.elfrethsalley.org.

13. "Canadian Aladdin houses were precut at the factory and shipped to the railway station closest to the customer. The lumber and materials were accompanied by a detailed set of blueprints and

construction manual. Aladdin boasted that anyone who could
swing a hammer could build an Aladdin Home and they offered
to pay $1 per knot for every knot you could find in a carload of
Aladdin lumber. Imagine that guarantee today: The lumberyard
would owe us money." Les Henry, "Mail-Order Houses," in
Before E Commerce: A History of Canadian Mail-Order Catalogues,
Canadian Museum of History, http://www.civilization.ca/cmc/
exhibitions/cpm/catalog/cat2104e.shtml.

14. "For the first time in the history of the world, middle class families
in the late nineteenth century could reasonably expect to buy a
detached home on an accessible lot....The real price of shelter in
the United States was lower than in the Old World." Kenneth T.
Jackson, *Crabgrass Frontier: The Suburbanization of the United States*
(New York: Oxford University Press, 1985), 136.

15. "The houses in a streetcar suburb were generally narrow in width
compared to later homes, and Arts and Crafts movement styles
like the California Bungalow and American Foursquare were most
popular. These houses were typically purchased by catalog and
many of the materials arrived by railcar, with some local touches
added as the house was assembled. The earliest streetcar suburbs
sometimes had more ornate styles, including late Victorian and
Stick. The houses of streetcar suburbs, whatever the style, tended
to have prominent front porches, while driveways and built-in
garages were rare, reflecting the pedestrian-focused nature of the
streets when the houses were initially built. Setbacks between
houses were not nearly as small as in older neighborhoods (where
they were sometimes nonexistent), but houses were still typically
built on lots no wider than 30 to 40 feet." Josef W. Konvitz,
"Patterns in the Development of Urban Infrastructure," *American
Urbanism: A Historiographical Overview* (Santa Barbara, CA:
Greenwood Press, 1987), 204.

16. Alan Trachtenberg, *The Incorporation of America: Culture and
Society in the Gilded Age* (New York: Macmillan, 2007), 231.

17. "World's Columbian Exposition," http://en.wikipedia.org/wiki/
World's_Columbian_Exposition.

18. "The only harm of aged buildings to a city district or street is the

harm that eventually comes of nothing but old age—the harm that lies in everything being old and everything becoming worn out." Jane Jacobs, *The Death and Life of Great American Cities* (New York: Vintage, 1992, Reissue), 189.

19. Donald Appleyard, *Livable Streets* (Berkeley: University of California Press, 1982); Carmen Hass-Klau, *The Pedestrian and City Traffic* (New York: Wiley, 1990); "Play Streets," Center for Active Design, http://centerforactivedesign.org/playstreets/. "Reclaiming the Residential Street as Play Space," *International Play Journal* 4 (1996): 91–97, http://ecoplan.org/children/general/ tranter.htm; "Pedestrians," *New York City DOT*, http://www.nyc .gov/html/dot/html/pedestrians/publicplaza-sites.shtml; "PAL Play Streets," Police Athletic League, http://www.palnyc.org/800-PAL -4KIDS/Program.aspx?id=30; "History," Police Athletic League, http://www.palnyc.org/800-pal-4kids/history.aspx; "Play Streets," *Missouri Revised Statutes: Chapter 300, Model Traffic Ordinance*, http://www.moga.mo.gov/statuteSearch/StatHtml/3000000348 .htm; "About Play Streets," *Partnership for a Healthier America*, http://ahealthieramerica.org/play-streets/about-play-streets/; "Plan Safe Streets for Children's Play," *New York Times*, May 7, 1909, http://query.nytimes.com/mem/archive-free/pdf?res=9F01E7DF 1E31E733A25754C0A9639C946897D6CF; http://www.londonplay .org.uk/file/1333.pdf.

20. Claire Duffin, "Streets Are Alive with the Sound of Children Playing," *Telegraph*, February 22, 2014, http://www.telegraph .co.uk/health/children_shealth/10654330/Streets-are-alive-with -the-sound-of-children-playing.html.

21. Ibid.

22. Bonnie Ora Sherk interview, August 2013.

23. Peter Cavagnaro, "Q & A: Bonnie Ora Sherk and the Performance of Being," University of California, Berkeley Art Museum & Pacific Film Archive, June 2012, http://blook.bampfa.berkeley.edu/2012/ 06/q-a-bonnie-ora-sherk-and-the-performance-of-being.html.

24. "Early Public Landscape Art by Bonnie Ora Sherk Featured in SFMOMA Show—SF's Original "Parklet," *A Living Library*, December 2011, http://www.alivinglibrary.org/blog/art-landscape

-architecture-systemic-design/early-art-bonnie-ora-sherk-featured -sfmoma-show.

25. "The Perambulating Library," Mealsgate.org.uk—The George Moore Connection, *The British Workman*, February 1, 1857, http:// www.mealsgate.org.uk/perambulating-library.php.

26. From *On the Trail of the Book Wagon*, by Mary Titcomb, two papers read at the meeting of the American Library Association, June 1909.

27. Ward Andrews, "The Mobile Library: The Sketchbook Project Gets a Totable Home + Tour," Design.org, http://design.org/blog/ mobile-library-sketchbook-project-gets-totable-home-tour.

28. Todd Feathers, "Mobile City Hall Truck to Rotate through Boston Neighborhoods," *The Boston Globe*, June 15, 2013, http://www .bostonglobe.com/metro/2013/06/25/mobile-city-hall-truck-rotate -through-boston-neighborhoods/Uyf66jFaC1q0pi03ff6H6M/story .html.

29. Liz Danzico, "Histories of the Traveling Libraries," *Bobulate: for Intentional Organization*, October 26, 2011, http://bobulate.com/ post/11938328379/histories-of-the-traveling-libraries; Orty Ortwein, "Before the Automobile: The First Mobile Libraries," *Bookmobiles: A History*, May 3, 2013, http://bookmobiles.wordpress. com/2013/05/03/before-the-automobile-the-first-mobile-libraries/; "Mobile Libraries," American Library Association, http://www.ala .org/tools/mobile-libraries; Leo Hickman, "Is the Mobile Library Dead?" *The Guardian*, April 7, 2010, http://www.theguardian.com/ books/2010/apr/07/mobile-libraries.

30. "Bouquinistes of Paris," *French Moments*, http://www.french moments.eu/bouquinistes-of-paris/.

31. Kristin Kusnic Michel, "Paris' Riverside Bouquinistes," *Rick Steves' Europe*, http://www.ricksteves.com/watch-read-listen/read/articles/ paris-riverside-bouquinistes.

32. Olivia Snaije, "Paris' Seine-Side Bookselling *Bouquinistes* Tout Trinkets, but City Hall Cries 'Non,'" *Publishing Perspectives*, October 19, 2010, http://publishingperspectives.com/2010/10/ paris-seine-side-bookselling-bouquinistes/Michel; "Paris' Riverside Bouquinistes," http://www.ricksteves.com/plan/destinations/ france/bouquinistes.htm.

33. "Rhode Island (RI) Diners," VisitNewEngland.com, http://www
.visitri.com/rhodeisland_diners.html.

34. This is still in service today as the last known horse-drawn lunch
wagon.

35. Kristine Hass, "Hoo Am I? A Look at the Owl Night Lunch
Wagon," *The Henry Ford*, May 15, 2012, http://blog.thehenryford
.org/2012/05/hoo-am-i-a-look-at-the-owl-night-lunch-wagon/.

36. Gustavo Arellano, "Tamales, L.A.'s Original Street Food," *Los
Angeles Times*, September 8, 2011, http://articles.latimes.com/2011/
sep/08/food/la-fo-tamales-20110908.

37. Jesus Sanchez, "King Taco Got Start in Old Ice Cream Van," *Los
Angeles Times*, November 16, 1987, http://articles.latimes.com/1987
-11-16/business/fi-14263_1_ice-cream-truck; Romy Oltuski,
"The Food Truck: A Photographic Retrospective," *FlavorWire*,
September 27, 2011, http://flavorwire.com/213637/the-food-truck
-a-photographic-retrospective/view-all/; "Food Truck," Wikipedia,
http://en.wikipedia.org/wiki/Food_truck; Anna Brones, "Food
History: The History of Food Trucks," *Ecosalon*, June 20, 2013,
http://ecosalon.com/food-history-of-food-trucks/; Richard
Myrick, "The Complete History of American Food Trucks,"
Mobile Cuisine, July 2, 2012, http://mobile-cuisine.com/business/
the-history-of-american-food-trucks/3/.

38. Stephanie Buck and Lindsey McCormack, "The Rise of the Social
Food Truck [INFOGRAPHIC]," *Mashable*, August 4, 2011, http://
mashable.com/2011/08/04/food-truck-history-infographic/.

39. *A 1977 Mexican food vendor busted by the police for violating new
ordinances controlling the sale of street food*, 1977, http://flavorwire
.files.wordpress.com/2011/09/john-griffith-taco-cart-busted-dec
-1977-can8600f-600x5001.jpg?w=598&h=463.

40. Don Babwin, "Chicago Food Trucks: City Council Overwhelmingly
Approves Mayor's Ordinance," *Huffington Post,* July 25, 2012,
http://www.huffingtonpost.com/2012/07/25/chicago-food-trucks
-alder_0_n_1701249.html.

41. Bill Thompson, "The Chuck Wagon," American Chuck Wagon
Association, http://americanchuckwagon.org/chuck-wagon-history
.html.

42. "Nevertheless, we recognize indefinable sense of well-being and which we want to return to, time and again. So that original notion of ritual, of repeated celebration or reverence, is still inherent in the phrase. It is not a temporary response, for it persists and brings us back, reminding us of previous visits." John Brinckerhoff Jackson, *A Sense of Place, a Sense of Time* (New Haven, CT: Yale University Press, 1994).

第 3 章

1. "Urban Population Growth," *World Health Organization*, http://www.who.int/gho/urban_health/situation_trends/urban_population_growth_text/en/; Neal R. Peirce, Curtis W. Johnson, and Farley M. Peters, "Century of the City: No Time to Lose," The Rockefeller Foundation, http://www.rockefellerfoundation.org/blog/century-city-no-time-lose.

2. Derek Thompson and Jordan Weissman, "The Cheapest Generation," August 22, 2012, http://www.theatlantic.com/magazine/archive/2012/09/the-cheapest-generation/309060/.

3. Brandon Schoettle and Michael Sivak, "The Reasons for the Recent Decline in Young Driver Licensing in the U.S.," University of Michigan Transportation Research Institute, August 2013, http://deepblue.lib.umich.edu/bitstream/handle/2027.42/99124/102951.pdf.

4. Robert Steuteville, "Millennials, Even Those with Children, Are Multimodal and Urban," *Better Cities and Towns*, October 2, 2013, http://bettercities.net/article/millennials-even-those-children-are-multimodal-and-urban-20713.

5. Nate Berg, "America's Growing Urban Footprint," *City Lab*, March 28, 2012, http://www.theatlanticcities.com/neighborhoods/2012/03/americas-growing-urban-footprint/1615/.

6. Herbert Munschamp, "Architecture View: Can New Urbanism Find Room for the Old?" *The New York Times*, June 2, 1996, http://www.nytimes.com/1996/06/02/arts/architecture-view-can-new-urbanism-find-room-for-the-old.html?pagewanted=all&src=pm.

7. Jordan Weissman, "America's Lost Decade Turns 12: Even the Rich Are Worse Off Than Before," *The Atlantic*, September 17,

2013, http://www.theatlantic.com/business/archive/2013/09/ americas-lost-decade-turns-12-even-the-rich-are-worse-off-than -before/279744/.

8. Tony Schwartz, "Relax! You'll Be More Productive," *The New York Times*, February 9, 2013, http://www.nytimes.com/2013/02/10/ opinion/sunday/relax-youll-be-more-productive.html?pagewanted =all&_r=0.

9. Jed Kolko, "Home Prices Rising Faster in Cities Than in the Suburbs—Most of All in Gayborhoods," *Trulia Trends: Real Estate Data for the Rest of Us*, June 25, 2013, http://trends.truliablog.com/ 2013/06/home-prices-rising-faster-in-cities/.

10. Leigh Gallagher, *The End of the Suburbs: Where the American Dream Is Moving* (New York: Penguin, 2013), 188.

11. Conor Dougherty and Robbie Whelan, "Cities Outpace Suburbs in Growth," *The Wall Street Journal*, June 28, 2012, http://online.wsj.com/ news/articles/SB10001424052702304830704577493032619987956.

12. "Suburban Poverty in the News," *Confronting Poverty in America*, http://confrontingsuburbanpoverty.org/blog/.

13. Emily Badger, "The Suburbanization of Poverty," *City Lab*, May 20, 2013, http://www.theatlanticcities.com/jobs-and-economy/2013/ 05/suburbanization-poverty/5633/.

14. Center for Neighborhood Technology, "Losing Ground: The Struggle of Moderate-Income Households to Afford the Rising Costs of Housing and Transportation," October 2012, http://www .nhc.org/media/files/LosingGround_10_2012.pdf.

15. Joshua Franzel, "The Great Recession, U.S. Local Governments, and e-Government Solutions," *PM Magazine* 92, no. 8 (2010), http://webapps.icma.org/pm/9208/public/pmplus1.cfm?author =Joshua%20Franzel&title=The%20Great%20Recession%2C%20 U.S.%20Local%20Governments%2C%20and%20e-Government %20Solutions.

16. "Government Spending in the US," http://www.usgovernment spending.com/local_spending_2010USrn.

17. Karen Thoreson and James H. Svara, "Award-Winning Local Government Innovations, 2008," *The Municipal Year Book 2009* (Washington, DC: ICMA).

18. Richard Stallman, "On Hacking," Richard Stallman's personal site, http://stallman.org/articles/on-hacking.html.

19. Brian Davis, "On Broadway, Tactical Urbanism," *faslanyc: Speculative Histories, Landscapes and Instruments, and Latin American Landscape Architecture*, June 6, 2010, http://faslanyc.blogspot.com/search/label/tactical%20urbanism.

20. Emily Jarvis, "How Radical Connectivity Is Changing the Way Government Operates," *Govloop*, May 10, 2013, http://www.govloop.com/profiles/blogshow-radical-connectivity-is-changing-the-way-gov-operates-plus-yo.

21. "One of the top 12 trends for 2012 as named by the communications firm Euro RSCG Worldwide is that employees in the Gen Y, or millennial, demographic—those born between roughly 1982 and 1993—are overturning the traditional workday." Dan Schwabel, "The Beginning of the End of the 9–5 Workday?" *Time*, December 21, 2011, http://business.time.com/2011/12/21/the-beginning-of-the-end-of-the-9-to-5-workday/#ixzz2lmQ6xJSM.

22. Authors William Strauss and Neil Howe wrote about the Millennials in *Generations: The History of America's Future, 1584 to 2069* and consider Millennials as being born between 1982 and 2004. The Pew Research Center places these dates at 1981–2000. Either way, these figures show that 48,977,000 workers are on the employment sheets, although the numbers may be skewed depending on how nontraditional work schedules fit into the data. Either way, employment as measured in the civilian labor force will not grow much over the next decade, meaning the Millennials will represent a larger piece of the employment pie. "Labor Force Statistics from the Current Population Survey," Bureau of Labor Statistics, February 12, 2014, http://www.bls.gov/cps/cpsaat03.htm.

23. Richard Florida, *The Rise of the Creative Class: And How It's Transforming Work, Leisure, Community and Everyday Life* (New York: Basic Books, 2002), 166.

24. "Raymond on Open Source," *New Learning: Transformational Designs for Pedagogy and Assessment*, http://newlearningonline.com/literacies/chapter-1/raymond-on-open-source.

25. Ibid.

26. Jeremy Rifkin, "The Rise of Anti-Capitalism," *The New York Times*, March 15, 2014, http://www.nytimes.com/2014/03/16/opinion/sunday/the-rise-of-anti-capitalism.html?_r=0.

27. Joshua Franzel, "The Great Recession, U.S. Local Governments, and e-Government Solutions," http://webapps.icma.org/pm/9208/public/pmplus1.cfm?author=Joshua%20Franzel&title=The%20Great%20Recession%2C%20U.S.%20Local%20Governments%2C%20and%20e-Government%20Solutions.

28. "The workforce becomes increasingly urban, continuing a long trend, agriculture, which has under 4 million jobs or less than 3 percent of all employment, is projected to decline by 24,000 more jobs over the period 1996 to 2006." "4—Workplace," US Department of Labor, http://www.dol.gov/oasam/programs/history/herman/reports/futurework/report/chapter4/main.htm.

29. "Millennials in Adulthood: Detached from Institutions, Networked with Friends," *Pew Research: Social & Demographic Trends*, March 7, 2014, http://www.pewsocialtrends.org/2014/03/07/millennials-in-adulthood/.

30. http://www.citylab.com/tech/2013/12/rise-civic-tech/7765/.

31. Ioby, "Ioby Brings Neighborhood Projects to Life, Block by Block," http://www.ioby.org/.

32. Volodymyr V. Lysenko and Kevin C. Desouza, "Role of Internet-Based Information Flows and Technologies in Electoral Revolutions: The Case of Ukraine's Orange Revolution," *First Monday* 15, no. 9-6 (2010), http://firstmonday.org/ojs/index.php/fm/article/view/2992/2599.

33. Pew Research Center, National Election Studies, Gallup, ABC/Washington Post, CBS/New York Times, and CNN polls. From 1976 to 2010 the trend line represents a three-survey moving average. http://www.people-press.org/2013/10/18/trust-in-government-interactive/.

34. Theda Skocpol and Morris P. Fiorina, eds., *Civic Engagement in American Democracy* (Washington, DC: Brookings Institution Press, 2004).

35. Second Regional Plan, Stanley B. Tankel, Boris Bushkarev, and William B. Shore, eds., *Urban Design Manhattan: Regional Plan*

Association (New York: The Viking Press, 1969), http://library.rpa
.org/pdf/RPA-Plan2-Urban-Design-Manhattan.pdf.

36. Marc Santora, "City Gives the Garden's Owners a Deadline on
Penn Station," *The New York Times*, May 23, 2013, http://www.
nytimes.com/2013/05/24/nyregion/madison-square-garden-told-to
-fix-penn-station-or-move-out.html.

37. Ada Louise Huxtable, "Farewell to Penn Station," *The New York
Times*, October 30, 1963 (accessed 7/13/2010). (The editorial goes
on to say that "we will probably be judged not by the monuments
we build but by those we have destroyed," http://query.nytimes
.com/gst/abstract.html?res=9407EFD8113DE63BBC4850DFB6
678388679EDE). The Landmarks Preservation Commission
was established in 1965 when Mayor Robert Wagner signed the
local law creating the commission and giving it its power. The
Landmarks Law was enacted in response to New Yorkers' growing
concern that important physical elements of the city's history were
being lost despite the fact that these buildings could be reused.
Events such as the demolition of the architecturally distinguished
Pennsylvania Station in 1963 increased public awareness of the
need to protect the city's architectural, historical, and cultural
heritage. http://www.nyc.gov/html/lpc/html/about/about.shtml.

38. Robert Moses once held 12 positions of power in New York City
and New York State. For the biography, see Robert Caro's *The
Power Broker: Robert Moses and the Fall of New York* (New York:
Vintage Books, 1975).

39. Paul Davidoff, "Advocacy and Pluralism in Planning," *Journal of
the American Institute of Planners* 31, no. 4 (1965): 331–338, https://
www.planning.org/pas/memo/2007/mar/pdf/JAPA31No4.pdf.

40. Adam Bednar, "Hampden's DIY Crosswalks," *North Baltimore
Patch*, September 10, 2013, http://northbaltimore.patch.com/
articles/hampden-s-diy-crosswalks.

第 4 章

1. Peter Kageyama, *For the Love of Cities* (St. Petersburg, FL:
Creative Cities Productions, 2011), 9.

2. Ibid., 7–8.

3. Jan C. Semenza, "The Intersection of Urban Planning, Art, and Public Health: The Sunnyside Piazza," *American Public Health Association* 93, no. 9 (2003): 1439–1441, http://www.ncbi.nlm.nih .gov/pmc/articles/PMC1447989/.

4. Lakeman interview, January 21, 2014, by Mike Lydon.

5. Ibid.

6. Jhon, interview with Mark Lakeman, *Many Mouths One Stomach*, http://www.manymouths.org/2009/08/turning-space-into-place -portlands-city-repair-project/.

7. "Mark Lakeman," in *Social Environmental Architects: "Designing the Future" Art Exhibit*, http://socialenvironmentalarchitects.word press.com/mark-lakeman/ (accessed 12/30/2013).

8. Ibid.

9. Lakeman interview, January 21, 2014, by Mike Lydon.

10. http://www.planetizen.com/node/11994.

11. Stuart Cowan, Mark Lakeman, Jenny Leis, Daniel Lerch, and Jan C. Semenza, *The City Repair Project*, http://www.inthefield.info/ city_repair.pdf (accessed 12/31/2013).

12. Ibid.

13. http://daily.sightline.org/2011/11/28/coloring-inside-the-lanes/.

14. http://www.inthefield.info/city_repair.pdf (accessed 12/31/2013).

15. Lerch interview, December 19, 2013, by Mike Lydon.

16. Alyse Nelson, "Coloring Inside the Lanes," *Sightline Daily: News & Views for a Sustainable Northwest*, November 28, 2011, http:// daily.sightline.org/2011/11/28/coloring-inside-the-lanes/ (accessed 1/1/2014).

17. Cornelius Swart, "Village Building Convergence Creates Murals, Relationships in North Portland," *Oregon Live*, May 31, 2012, http://www.oregonlive.com/portland/index.ssf/2012/05/village _building_convergence_c.html.

18. Alyse Nelson and Tim Shuck, "City Repair Project Case Study," http://courses.washington.edu/activism/cityrepair.htm (accessed 12/31/2013).

19. "Activities and Results," Depave, http://depave.org/about/results/ (accessed 1/1/2013).

20. Jan C. Semenza, "The Intersection of Urban Planning, Art, and

Public Health: The Sunnyside Piazza," *American Journal of Public Health* 93 (2003): 1439–1441, http://www.ncbi.nlm.nih.gov/pmc/articles/PMC1447989/ (accessed 1/1/2014).

21. Sandra A. Ham, Caroline A. Macera, and Corina Lindley, "Trends in Walking for Transportation in the United States, 1995 and 2001," *Preventing Chronic Disease* 4, no. 2 (2005), http://www.ncbi.nlm.nih.gov/pmc/articles/PMC1435711/.

22. Jeff Speck, *Walkable City: How Downtown Can Save America, One Step at a Time* (New York: North Point Press, 2012), 4.

23. Patrick C. Doherty and Christopher B. Leinberger, "The Next Real Estate Boom," *Brookings*, November 2010, http://www.brookings.edu/research/articles/2010/11/real-estate-leinberger.

24. Tomasulo interview, February 12, 2014, by Mike Lydon. All quotes from Tomasulo in this chapter are from this interview.

25. Ibid.

26. Emily Badger, "Guerrilla Wayfinding in Raleigh," *City Lab*, February 6, 2012, http://www.citylab.com/tech/2012/02/guerilla-wayfinding-raleigh/1139/.

27. Emily Badger, "Raleigh's Guerrilla Wayfinding Signs Deemed Illegal," *City Lab*, February 27, 2012, http://www.citylab.com/tech/2012/02/raleighs-guerrilla-wayfinding-signs-deemed-illegal/1341/.

28. Larchlion, "The Deep Ellum Better Block," Walkable DFW: Restoring a City to Walkability, November 1, 2010, http://www.carfreeinbigd.com/2010/11/deep-ellum-better-block.html.

29. Jason Roberts interview, August 7, 2013, by Mike Lydon.

30. Jason Roberts, "The Better Block Project," Bike Friendly Oak Cliff blog, March 26, 2010, http://bikefriendlyoc.org/2010/03/26/the-better-block-project/.

31. Robert Wilonsky, "Jason Roberts and the Better Block'ers Dare You to Build a Better Ross Avenue in Three Days," *Dallas Observer* blogs, May 4, 2011, http://blogs.dallasobserver.com/unfairpark/2011/05/jason_roberts_and_the_better_b.php.

32. Jason Roberts interview, August 7, 2013, by Mike Lydon.

33. Ibid.

34. "Living Plaza," http://www.dallascityhall.com/citydesign_studio/LivingPlaza.html.

35. Lisa Gray, "Gray: Building a Better Block," *Houston Chronicle*, June 28, 2010, http://www.chron.com/entertainment/article/Gray-Building-a-better-block-1711370.php.

36. "TEDxOU: Jason Roberts: How to Build a Better Block," delivered January 2012, Norman, Oklahoma, uploaded February 21, 2012, https://www.youtube.com/watch?v=ntwqVDzdqAU.

37. Angie Schmitt, "Q&A with Jason Roberts, the Brains Behind 'Better Blocks,'" Streetsblog USA, May 31, 2013, http://usa.streetsblog.org/2013/05/31/qa-with-jason-roberts-the-visionary-behind-the-better-block/.

38. "Better Block Drive Started," *Atlanta Daily World*, May 9, 1942; ProQuest Historical Newspapers: *Atlanta Daily World* (1931–2003).

39. "Operation Better Block Opens Day Care Center," *New York Amsterdam News*, December 12, 1970, http://ezproxy.lib.indiana.edu/login?url=http://search.proquest.com/docview/226650847?accountid=11620.

40. "Upland in 'Operation Better Block' Drive," *New Pittsburgh Courier* (1966–1981), City Edition, March 20, 1971, p. 6.

41. The Trust for Public Land, "The Economic Benefits and Fiscal Impact of Parks and Open Space in Nassau and Suffolk Counties, New York," 2010, http://cloud.tpl.org/pubs/ccpe--nassau-county-park-benefits.pdf.

42. "Parks for People: Miami," The Trust for Public Land, https://www.tpl.org/our-work/parks-for-people/parks-people-miami.

43. "Transportation Cost and Benefit Analysis II: Parking Costs," Victoria Transport Policy Institute, http://www.vtpi.org/tca/tca0504.pdf.

44. UCLA Toolkit, "Reclaiming the Right-of-Way: A Toolkit for Creating and Implementing Parklets," *UCLA Complete Streets Initiative*, September 2012, Luskin School of Public Affairs.

45. Pavement to Parks, "San Francisco Parklet Manual," San Francisco Planning Department, February 2013, http://sfpavementtoparks.sfplanning.org/docs/SF_P2P_Parklet_Manual_1.0_FULL.pdf.

46. "Parking Meter Party!" tlchamilton blog, July 9, 2001, http://tlchamilton.wordpress.com/2001/07/09/parking-meter-party/.

47. "Portfolio: Park(ing)," Rebar, November 16, 2005, http://rebar

group.org/parking/.

48. "About Park(ing) Day," Park(ing) Day, Rebar Group, http://park ingday.org/about-parking-day/.

49. Blaine Merker, 2013.

50. "Portfolio: Park(ing)," Rebar, http://rebargroup.org/parking/.

51. Lisa Taddeo, "Janette Sadik-Khan: Urban Reengineer," *Esquire*, http://www.esquire.com/features/brightest-2010/janette-sadik -khan-1210.

52. "New York City Streets Renaissance," Project for Public Spaces, http://www.pps.org/projects/new-york-city-streets-renaissance/.

53. Ibid.

54. Jennifer 8. Lee, "Sturdier Furniture Replaces Times Square Lawn Chairs," *The New York Times* blog, August 17, 2009, http://city room.blogs.nytimes.com/2009/08/17/sturdier-furniture-replaces -times-square-lawn-chairs/?_php=true&_type=blogs&_r=0.

55. All pilot project results sourced from "Pedestrians: Broadway," New York City DOT, http://www.nyc.gov/html/dot/html/ pedestrians/broadway.shtml.

56. "Mayor Bloomberg, Transportation Commissioner Sadik-Khan and Design and Construction Commissioner Burney Cut Ribbon on First Phase of Permanent Times Square Reconstruction," *Official Website of the City of New York*, December 23, 2013, http:// www1.nyc.gov/office-of-the-mayor/news/432-13/mayor-bloomberg -transportation-commissioner-sadik-khan-design-construction -commissioner/#/0.

57. Ibid.

58. Roberto Brambilla and Gianna Longo, *For Pedestrians Only: Planning, Design, and Management of Traffic-Free Zones* (New York: Whitney Library of Design, 1977), 8.

59. Dorina Pojani, "American Downtown Pedestrian "Malls": Rise, Fall, and Rebirth," *Territorio* 173–190, http://www.academia .edu/2098773/American_downtown_pedestrian_malls_rise_fall _and_rebirth.

60. "Privately Owned Public Space," New York City Planning: Department of City Planning, City of New York, http://www.nyc .gov/html/dcp/html/pops/pops.shtml.

61. William Whyte, *The Social Life of Small Urban Spaces* (New York: Project for Public Spaces, Inc, 2001), http://www.nyc.gov/html/dcp/html/pops/pops.shtml.

62. All Wade quotes and information sourced from an interview in the spring of 2014.

63. New York City DOT, "Measuring the Street: New Metrics for 21st Century Streets," http://www.nyc.gov/html/dot/downloads/pdf/2012-10-measuring-the-street.pdf.

64. Stephen Miller, "Ped Plazas in Low-Income Neighborhoods Get $800,000 Boost from Chase," Streets Blog NYC, November 26, 2013, http://www.streetsblog.org/2013/11/26/800000-from-chase-to-help-maintain-up-to-20-plazas-over-two-years/.

65. Pavement to Parks, San Francisco Planning Department, http://pavementtoparks.sfplanning.org/.

第 5 章

1. "Design Thinking," Wikipedia, http://en.wikipedia.org/wiki/Design_thinking.

2. Eric Ries, *The Lean Startup: How Constant Innovation Creates Radically Successful Businesses* (New York: Crown Publishing Group, 2011).

3. Josh Zelman, "(Founder Stories) Eric Ries: On 'Vanity Metrics' and 'Success Theater,'" *Tech Crunch*, September 24, 2011, http://techcrunch.com/2011/09/24/founder-stories-eric-ries-vanity-metrics/.

4. Everett M. Rogers, *Diffusion of Innovations* (New York: Free Press of Glencoe, 1962).

5. Tony Burchyns, "Hero's Welcome for Vallejo's Crosswalk Painter," *Daily Democrat*, June 1, 2013, http://www.dailydemocrat.com/ci_23369425/heros-welcome-vallejos-crosswalk-painter?source=most_viewed.

6. Ibid.

7. "The Outlook for Debt and Equity Crowdfunding in 2014," *Venture Beat*, January 14, 2014, http://venturebeat.com/2014/01/14/the-outlook-for-debt-and-equity-crowdfunding-in-2014/.

8. Aaron Sankin, "Urban Prototyping Festival Redefines San Francisco's Public Space," *Huffington Post*, October 24, 2012, http://

www.huffingtonpost.com/2012/10/24/urban-prototyping-festival _n_2007661.html.

9. "Living Innovation Zones: Same Streets, Different Ideas," The Mayor's Office of Civic Innovation and San Francisco Planning Department, http://liz.innovatesf.com/.

10. "Bye-Bye, Bloomberg: Pondering the Meaning of New York's Billionaire Mayor," *The Economist*, November 2, 2013, http://www .economist.com/news/united-states/21588855-pondering-meaning -new-yorks-billionaire-mayor-bye-bye-bloomberg.

11. "Pop Up Rockwell," Cleveland Urban Design Collaborative, Kent State University, http://www.cudc.kent.edu/pop_up_city/rockwell/.

译后记

———

战术都市主义通过自下而上的方式，利用低成本、临时性的行动来推动实现长期性的变革。在全球化、社会危机不断发生和经济结构调整的背景下，北美的战术都市主义是一种解决城市问题的新方式。

本书提供了几个看似矛盾的概念：短期—长期、战术—战略、自下而上—自上而下等。但作者并没有将这些概念二元对立起来，而是强调了概念之间的辩证关系和可能的转化。例如，短期的空间营造行动可以带来规划政策的长期变革；"战术"和"战略"都是进行规划设计的有效方式；战术都市主义的行动者涵盖多个层面，包括自下而上的力量、自上而下的推动，以及两者之间的一切人员和组织。

本书的两位译者都曾在中国和英国接受建筑教育，也都有过在英国、德国和比利时从事设计与研究的经验，深刻感受到战术性的空间营造不仅可以改善城市物质环境，还能提升市民的参与程度，协调各方利益，推进社会公平与正义。尽管欧美各国的体制与政策与中国有很大不同，但本书所讨论的问题具有普遍性。他山之石，可以攻玉。战术都市主义中所包含的低成本、小规模、渐进式、公众参与等场所营造的思想，可以为我国当前的城市存量发展提供有益的思考和启发。

最后，感谢山东建筑大学在翻译前期的无私帮助，特别是赵继龙院长、仝晖院长的支持。高云睿、孔雨藤和刘继康同学亦对翻译工作做出了贡献。

宋　晟　张雅丽
2023 年 4 月 16 日
于长沙岳麓山下和谢菲尔德 Arts Tower